消防安全要知道丛书

火灾处置要知道

侯延勇　著

青海人民出版社
·西宁·

图书在版编目（CIP）数据

火灾处置要知道 / 侯延勇著 . -- 西宁：青海人民出版社，2024.8
（消防安全要知道丛书）
ISBN 978-7-225-06729-2

Ⅰ . ①火… Ⅱ . ①侯… Ⅲ . ①火灾－自救互救 Ⅳ . ① X928.7

中国国家版本馆 CIP 数据核字 (2024) 第 096423 号

消防安全要知道丛书

火灾处置要知道

侯延勇　著

出 版 人　樊原成
出版发行　青海人民出版社有限责任公司
西宁市五四西路 71 号　邮政编码：810023　电话：（0971）6143426（总编室）
发行热线　（0971）6143516/6137730
网　　址　http://www.qhrmcbs.com
印　　刷　西安五星印刷有限公司
经　　销　新华书店
开　　本　890mm × 1240mm　1/32
印　　张　4.875
字　　数　70 千
版　　次　2024 年 8 月第 1 版　2024 年 8 月第 1 次印刷
书　　号　ISBN 978-7-225-06729-2
定　　价　26.00 元

目　录

第一章　关于火灾　001

一、什么是火灾　003
二、火灾分为六大类型和四个等级　006
三、处置火灾的“五个第一”　011
四、公民消防素质　015
五、处置火灾的基本原则　018
六、灭火原理　022
七、灭火的基本方法　023
八、扑救火灾的最佳时机　024
九、针对不同物质燃烧的火灾选用合适的灭火器　027
十、有六种火灾不能用直流水扑救　029
十一、消防应急预案　033

第二章　发生火灾怎么办　036

一、火灾处置三件事　036
二、扑灭初起小火的基本常识　039
三、防止复燃　041
四、疏散逃生的方法很重要　045

五、任何一部电话都可以用来报火警 046

第三章　详解如何拨打火灾报警电话 047

一、拨打火灾报警电话的意义 047

二、正确拨打火警 119 电话的方法 052

第四章　使用消防栓扑灭初起火灾 056

第五章　使用灭火器扑灭初起火灾 061

一、常见手提式灭火器的通用操作方法 064

二、使用干粉灭火器扑灭初起火灾 067

三、使用二氧化碳灭火器扑灭初起火灾 071

四、使用（化学）泡沫灭火器扑灭初起火灾 076

五、使用水基型水雾灭火器扑灭初起火灾 079

六、简易式灭火器 082

七、气溶胶灭火器 085

第六章　电气火灾的处置方案 087

一、扑救电气火灾时要注意防止发生触电事故 088

二、电气火灾一般有两种情况 089

三、电气火灾的处置要点 090

第七章　天然气火灾的应急处置 093

一、阻断燃烧源 093

二、现场处置 095

第八章 液化气钢瓶着火的应急处置 **096**

一、液化气钢瓶着火的预防 096

二、液化气钢瓶着火了怎么处置 098

三、钢瓶爆裂的征兆 099

第九章 家电着火的应急处置 **105**

一、家电着火先断电 105

二、家电着火的应急处置 107

三、带电灭火 108

第十章 锅内热油着火的应急处置 **110**

一、油锅着火不能用水来扑救 110

二、油锅着火的应急处置方法 111

三、处置油锅着火的注意事项 112

第十一章 车辆着火的应急处置 **114**

一、汽车发生火灾时的处置要点 114

二、汽车加油时油箱着火的应急处置 117

三、公交车发生火灾的应急处置 119

第十二章 乘坐地铁等轨道交通工具时发生火灾的应急处理 **123**

第十三章 学校幼儿园火灾的应急处置 **132**

一、立即启动应急预案组织扑救 132

二、立即组织师生有序疏散 134
三、教室篇 135
四、宿舍篇 136
五、实验室篇 138

第十四章　森林草原火灾的应急处置 140
一、森林初起火灾的扑救方法 146
二、强化扑火组织、强化安全措施 148

第一章　关于火灾

一旦发生火灾，不能因为惊慌而忘记报警。

要立即按下警铃或拨打报警电话。记住火警电话是119，报警越早、越快、越清楚，越能尽快获得救援。

火场中，最危险的除了

燃烧产生的高温灼烧、爆炸的伤害以外，还有更厉害的隐形杀手——浓烟。燃烧产生的浓烟中含有大量的一氧化碳等有毒有害气体，只要不慎吸入一口，就会造成头晕等情况，严重影响人的行动和判断能力。很多在火灾中死亡的情况都是毒烟窒息造成的。

注意：任何单位不得组织未成年人扑救火灾。

一、什么是火灾

按照国家标准 GB5907–86，火灾的定义是：在时间和空间上失去控制的燃烧所造成的灾害。

发生火灾的原因之一就是违规用火。

火源是引发火灾的根源。用火安全规则是人们从无数火灾教训中总结提炼出的防火经验。违规用火就是无视这些防火经验，随意点火的行为。

违规用火极易导致燃烧失控，而失去控制的燃烧就产生了火灾。

几起违规用火的案例

案例一：

2020 年 9 月 25 日傍晚，某村张某某在山脚田间焚烧秸秆、梗草，被乡行政执法大队巡逻人员当场发现。

案例二：

2021 年 9 月 26 日傍晚，某村邹某某、余某某在野外用火，被当地行政执法大队工作人员巡逻时发现。

案例三：

2022 年 9 月 22 日傍晚，林某某擅自在自己的菜园内烧梗草铺火土，属违规用火行为，被执法大队人员巡查时发现。

案例四：

2023 年 9 月 24 日下午，某村曾某某在屋背山场焚烧生活垃圾，其行为根据防火条例有关规定，已构成违法。

秋季是草原森林火灾易发、多发季节，一定要提高警惕，千万不能心怀侥幸。

二、火灾分为六大类型和四个等级

按照国家标准和有关规定，依据引发火灾的燃烧物和造成人员伤亡和财产损失等情况，将火灾划分为六大类型和四个等级。

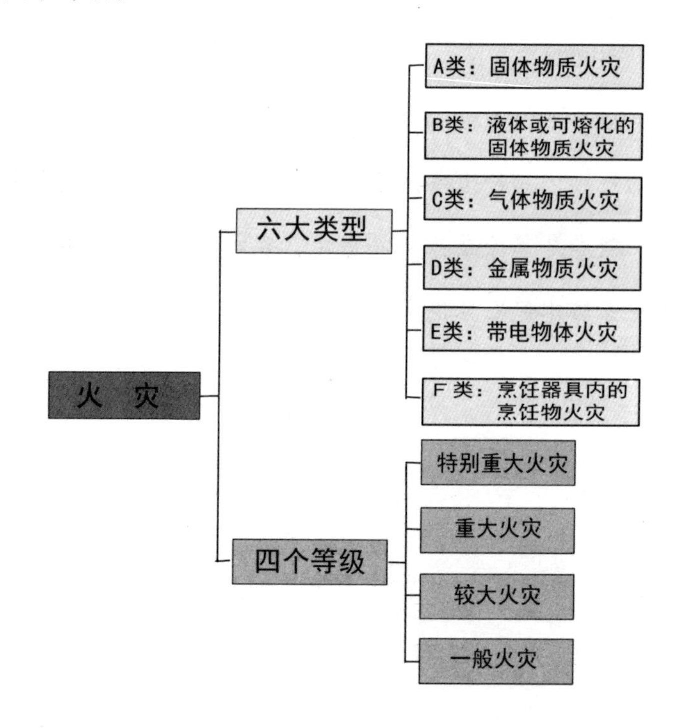

（一）火灾分为六大类型

依据《火灾分类》（GB/T4968 — 2008），火灾根据可燃物的类型和燃烧特性，分为 A、B、C、D、E、F 六类。

A 类火灾：指固体物质燃烧形成的火灾。这种物质通常具有有机物质性质，一般在燃烧时能产生灼热的余烬。如木材、煤、棉、毛、麻、纸张等火灾。

B 类火灾：指液体或可熔化的固体物质燃烧形成的火灾。如煤油、柴油、原油、甲醇、乙醇、沥青、石蜡等火灾。

C 类火灾：指气体燃烧形成的火灾。如煤气、天然气、甲烷、乙烷、丙烷、氢气等火灾。

D 类火灾：指金属燃烧形成的火灾。如钾、钠、镁、铝镁合金等火灾。

E 类火灾：带电火灾。物体带电燃烧的火灾。

F 类火灾：烹饪器具内的烹饪物（如动植物油脂）燃烧形成的火灾。

（二）火灾划分为四个等级

根据公安部下发的《关于调整火灾等级标准的通知》，新的火灾等级标准由原来的特大火灾、重大火灾、一般火灾三个等级调整为：特别重大火灾、重大火灾、较大火灾和一般火灾四个等级类别。

（三）火灾等级的划分标准

根据《关于调整火灾等级标准的通知》，火灾等级的划分标准如下：

1. 特别重大火灾：指造成 30 人以上死亡，或者 100 人以上重伤，或者 1 亿元以上直接财产损失的火灾。

2. 重大火灾：指造成 10 人以上 30 人以下死亡，或者 50 人以上 100 人以下重伤，或者 5000 万元以上 1 亿元以下直接财产损失的火灾。

3. 较大火灾：指造成 3 人以上 10 人以下死亡，或者 10 人以上 50 人以下重伤，或者 1000 万元以上 5000 万元以下直接财产损失的火灾。

4. 一般火灾：指造成 3 人以下死亡，或者 10 人以下重伤，或者 1000 万元以下直接财产损失的火灾。

火灾事故调查由火灾发生地公安机关消防机构按照下列分工进行：

1. 一次火灾死亡十人以上的，重伤二十人以上或者死亡、重伤二十人以上的，受灾五十户以上的，由省、自治区人民政府公安机关消防机构负责调查。

2. 一次火灾死亡一人以上的，重伤十人以上的，受灾三十户以上的，由设区的市或者相当于同级的人民政府公安机关消防机构负责调查。

3. 一次火灾重伤十人以下或者受灾三十户以下的，由县级人民政府公安机关消防机构负责调查。

直辖市公安机关消防机构负责前款第一项、第二项规定的火灾事故调查，直辖市的区、县公安机关消防机构负责前款第三项规定的火灾事故调查。

除本条第一款所列情形外，其他仅有财产损失的火灾事故调查，由省级人民政府公安机关结合本地实际作出管辖规定，报公安部备案。

案例一：金矿爆炸损失严重

2021 年 1 月 10 日 13 时 13 分许，某省一金矿在基建施工过程中，回风井发生火灾爆炸，造成井下 22 名工人被困。

事故发生后，应急管理部紧急调集省内外 20 支救援队伍、690 余名救援人员，以及 420 余套救援装备，省消防救援总队调派 297 名消防救援人员，承担给养、生命探测、通信保障、设备冷却水保障等任务，全力搜救被困人员。

事故矿井为近700米深的“独眼井”，岩层地质、井下涌水等各种情况复杂，经过1000多名抢险救援人员14个昼夜的连续奋战，11名被困人员获救生还。

案例二：森林火灾影响巨大

2021年4月20日16时30分，某省一村庄附近发生森林火灾。国家森防指办公室、应急管理部连夜派出工作组赶赴现场指导火灾扑救工作，省政府负责同志亲临火场一线指挥扑救。经森林消防队伍、消防救援队伍、航空救援力量、地方专业扑火队伍、解放军和武警部队等2300余人、6架直升机历时六天持续扑救，明火于26日13时被成功扑灭，火场区域133户500余人紧急避险，邻近可能受影响的585户2611名群众被安全转移。

三、处置火灾的“五个第一”

第一时间发现火情。

第一时间报警。

第一时间扑救初期火灾。

第一时间启动消防设备。

第一时间组织人员疏散。

强化“第一时间”观念，火灾中，时间就是生命

案例一：

2020年9月23日凌晨3时07分，某区一国际商贸城28栋2楼一商铺发生火灾。

接警后，指挥中心立即调动特勤站3车18人前往处置，市消防救援支队、大队随行出动，同时调集支队战勤保障、消防救援站前往增援，相关应急联动单位前往处置。

现场成立1个侦察小组、3个灭火小组、1个供水小组、1个警戒小组，确定“内外结合，强攻近战”的作战方案，采取“夹攻法”，全力堵截火势，于当日凌晨5时整，扑

灭明火。疏散被困人员 10 人，保护财产价值 4000 余万元。

案例二：

2020 年 2 月 16 日 12 时 48 分，某市一加气站发生爆炸燃烧，现场仍有大量气体泄漏，罐区内储存有 5000 余立方米的天然气，情况非常危急。

接警后，市消防救援支队第一时间调派消防救援大队、特勤消防救援站共 9 辆消防车、1 台消防机器人、33 人赶赴现场处置。在火灾初期处置的第一时间，断电、断气，及时控制隐患的扩大化。在全面掌握现场态势的前提下，贯彻“先控制、后消灭”的战术原则，采取“关阀堵漏、水雾稀释”等措施进行高效、科学的处置。13 时 50 分成功将六组阀门全部关闭，经过近 3 个小时的驱散稀释，现场泄漏气体浓度已下降至安全范围。

2 月 18 日凌晨 4 时，厂方技术人员利用氮气填充置换方式排出罐内残留天然气，经现场专家、技术人员评估，爆炸现场安全隐患彻底排除，成功保护周围 1 个高压罐和槽罐车，避免了二次爆炸的发生，挽回经济损失 150 余万元，无人员伤亡。

案例三：

2020年3月6日2时36分许，某市经开区一沙发厂发生火灾。

消防救援支队立即调集4个大队、9个消防站、11辆消防车、66名指战员到场处置。救援人员在“救人第一、科学施救”思想指导下，采取“先控制，后消灭”的战术，灭火组、破拆组、警戒组、供水组协调配合，历时近3小时，于5时10分成功扑灭火灾，保护了毗邻的生产加工车间、仓库，疏散转移群众26人，无人员伤亡。

案例四：

2020年12月16日2时许，某市一住户家的客厅发生火灾，有4名人员被困卧室，无法自行逃生。

接到报警后，市消防救援支队立即调派就近的县消防救援大队、消防救援站共4辆消防车、16人火速赶赴现场救援。在“救人第一、科学施救”原则指导下，采取“边控制、边消灭、边救人”和“固移结合、以固为主”等措施，利用水枪阵地、排烟降毒的战术，配合内攻搜救、迅速打开生命通道，用时25分钟，成功将屋内1名婴儿和3

名成年人全部救出，2 时 30 分成功扑灭火灾，充分体现了“灭早、灭小、灭初起”的战略效果。

四、公民消防素质

（一）火灾处置要“三懂”

懂得常见种类火灾的危险性，懂得预防火灾的基本知识，懂得扑救初起火灾的方法。

（二）火灾处置需“三会”

会报火警，会使用消防设施扑救初起火灾，会自救逃生。

案例一：网格员发现火情迅速疏散群众

2023 年 3 月 15 日约 22 时，网格员胡某某完成当天的巡查工作下班途经一大街时，发现一栋出租屋二楼冒出浓烟。他立即向消防队报警，然后冲向事发出租屋。此时楼梯间已充满浓烟，起火的房间房门紧闭。为避免因火势蔓延伤害邻居，他逐户敲门，指引整栋楼群众紧急疏散，10 分钟后，消防队员到达现场，将火灾彻底扑灭。

案例二：消防志愿者火灾发生时第一时间疏散人员，切断危险源，堵截火势蔓延

2022 年的一天晚上，消防志愿者夏某在巡逻中突然闻到异常的焦糊味，他顺着气味赶到现场，发现楼道内一辆电瓶车起火，现场浓烟滚滚。

时间就是生命，他凭着多年的消防工作经验，第一时间关闭了煤气总阀，拉下电源总闸。随后，拿起墙上的灭火器，在连续喷完 4 个灭火器后火势逐渐转小。

当消防队员到达现场时，火情已经得到有效控制。

他的快速反应——关闭煤气总阀和切断电源，有效地防止了危害的扩大。第一时间使用灭火器灭火，有效地压制了火灾，为楼内的老人和小孩争取了宝贵的逃生时间。

案例三：私家车一路倒车让出通道，消防车顺畅通过赶赴现场

2019 年 9 月 8 日下午 2 点多，某省消防中队接到一奶牛场着火的警情后立即出动了三辆消防车赶赴现场救援，在一条狭长路段与对面一辆私家车走了个脸对脸。

在时间就是生命的紧要关头，私家车司机没有做出错

车或者强行通过的任何尝试，车子甚至都没有调头，而是直接向后倒车。私家车一直倒车向后，直到来到了稍微宽一点的地方，靠边礼让了消防车，为救援争取了时间。

这就是中国公民的素质！

案例四：老人家中起火求助 保安挺身而出勇灭火

2022年8月24日下午2点15分，某街道三楼一居民家中空气开关发生自燃。失火居民家中是两位80多岁的老人和一位智力障碍人士，情况非常危急。

听到求助后，物业保安胡某某立刻提起灭火器赶赴起火现场，他首先关掉总电源，再将空气开关上的火苗扑灭，阻止了火势蔓延。

五、处置火灾的基本原则

（一）救人第一的原则

在火场上如果有人受到火势威胁时，首要任务是把火势围困中的人员抢救出来。其基本要求是：就近优先、危险优先、弱者优先。

（二）先控制、后消灭的原则

对于因灭火力量相对薄弱而不可能立即扑灭的火灾，要首先控制火势的继续蔓延扩大、防止爆炸、泄漏等危险情况发生、切断可燃物的来源等，在具备了灭火条件时，再展开全面进攻，一举扑灭。

（三）先重点后一般的原则

1.人和物相比，救人是重点。

2.贵重物资和一般物资相比，保护和抢救贵重物资是重点。

3.火势蔓延猛烈的方面和其他方面相比，控制火势蔓延猛烈的方面是重点。

4.有爆炸、毒害、倒塌危险的方面和没有这些危险的方面相比，处置这些危险是重点。

5.火场的下风方向与其他方向相比，下风方向是重点。

6.可燃物资集中的地方较其他地方是重点。

7.要害部位是重点。

案例一：业主家中突发火情，物业紧急高效处置

8月27日13点10分，某小区66号7–3卧室防盗网发生火灾，产生大量烟气，小区物业接到居民反映，迅速赶到现场处置。

当天气温很高，现场烟气很大，业主还不在家，如不及时处置，可能造成严重后果。

物业同事们立即决定从楼上 8–3 和对面的 7–4 两个方向，用灭火器和自来水进行灭火，不到 3 分钟，明火被扑灭。为防止复燃，他们认真处理残留火星，并留在现场进行观察。

此次火灾物业反应迅速，处理得当，在消防员到来之前及时将火扑灭，避免了更大的危害。

案例二：居民家中起火，社区应急救援队伍快速扑灭

2023 年 11 月 19 日上午 9 点，某社区六组独自一人在家的张大爷家中做饭时不小心烧着了窗帘，突然起火，老人立即拨打了火警电话和社区应急服务电话求救。

“家门口”的社区应急服务站迅速出动多名应急救援人员携带干粉灭火器，3 分钟到达火灾现场，在疏散现场群众的同时，对火势进行先期处置。

所幸扑救及时，大火未造成人员伤亡，在消防大队到达现场之前，有效抑制住了火情，成功将火灾事故扑灭在萌芽状态，避免了更大损失。

案例三：货运车辆发生自燃，森林消防迅速处置，挽回经济损失约300万元

2021年12月27日早上7时44分许，某国家森林公园管理中心一护林工作人员在辖区护林巡查时发现，途经护林站G105国道路段一辆货运车辆发生自燃引发火灾。

护林员迅速向管理中心24小时值班室报告了火情，同时利用护林站的森林消防手抬泵和干粉灭火器对起火车辆进行前期应急处置。

管理中心立即派出2辆水罐消防车、3辆巡护摩托车和12名森林消防队员赶赴现场扑救，自燃车辆明火于8时05分扑灭。

六、灭火原理

灭火原理——切断火三角的燃烧链条

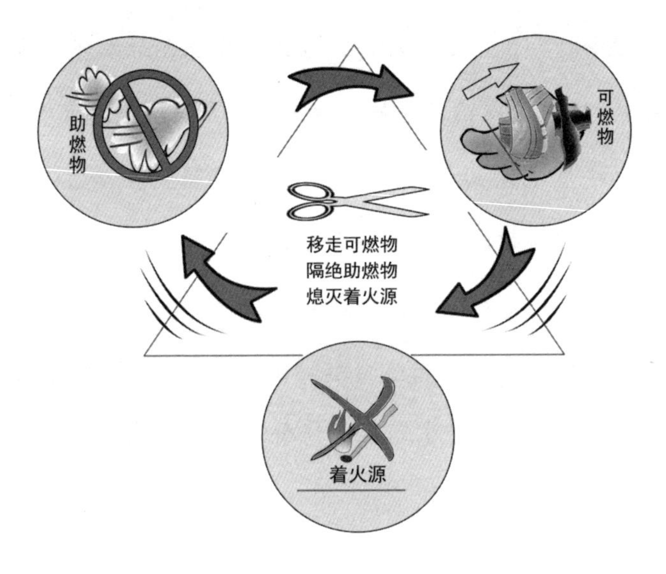

七、灭火的基本方法

（一）窒息灭火法

断绝氧气，使燃烧因缺少氧气的助燃而停止。

（二）冷却灭火法

降低可燃烧物质的温度到燃点以下，使燃烧终止。如将水和二氧化碳等灭火剂直接喷射到燃烧物体上。

（三）隔离灭火法

将着火的物体与其附近的可燃烧物质隔离或移开，使燃烧停止。

（四）抑制灭火法

利用化学原理，让灭火剂参与到燃烧反应中去，使“燃烧链”反应中断。如用含氟、溴的化学灭火剂喷向火焰进行灭火。

八、扑救火灾的最佳时机

（一）一般物质燃烧的五个阶段

一般物质的燃烧通常都有一个从小到大、逐步发展、直到熄灭的过程。

一般的燃烧都可分为初起、发展、猛烈、下降和熄灭五个阶段。

通常的燃烧都有一个从小到大、逐步发展、直到熄灭的过程

初起阶段是扑灭火灾的最佳时机。

（二）扑救初起火灾是最佳时机

一般固体可燃物燃烧之初的 10 到 15 分钟内，其燃烧

面积小，燃烧强度弱，燃烧放出的辐射热能较低，火势向周围发展蔓延的速度比较缓慢，只要发现及时，用很少的人力和灭火器材就能将其扑灭。因此，在报警的同时，要及时扑救初起火灾。

案例一：见火不慌，抬手就打，加油站员工成功处置初起火灾

9 月 26 日 15 时 51 分，一辆在高速公路加油站正在自助加油的小轿车底盘突然起火，冒出滚滚浓烟。

现场的加油站员工龚某立即关闭加油站电源，同时紧急疏散起火车辆副驾驶人员及现场人群和车辆，提起灭火器迅速将初起火势扑灭，避免了加油站和车主更大的损失。事故未造成人员伤亡。

案例二：30 秒成功处置初起火灾

8 月 11 日早上 7 时 15 分，一辆箱式三轮残疾人摩托车正在加油站加油时，加油员符某某发现掉在摩托车排气管上的毛巾正在冒烟，引燃了车厢底部。

她立即大声呼喊发出警示，站长迅速按照车辆自燃应

急预案的程序，第一时间关闭加油站电源，同时指挥司机将起火车辆推到安全地带，大家拿起干粉灭火器，对准车辆冒烟引燃的部位喷射，用时 30 秒，成功将着火车辆冒烟引燃部位火灾扑灭。

九、针对不同物质燃烧的火灾选用合适的灭火器

（一）扑救 A 类火灾

可选择水型灭火器、泡沫灭火器、磷酸铵盐干粉灭火器等。

（二）扑救 B 类火灾

可选择泡沫灭火器、干粉灭火器、二氧化碳灭火器。

（三）扑救 C 类火灾

可选择干粉灭火器、二氧化碳灭火器等。

（四）扑救 D 类火灾

可选择粉状石墨灭火器、专用干粉灭火器，也可用干砂或铸铁屑沫代替。

（五）扑救带电火灾

可选择干粉灭火器、二氧化碳灭火器等。

带电火灾包括家用电器、电子元件、电气设备（计算

机、复印机、打印机、传真机、发电机、电动机、变压器等）以及电线、电缆等燃烧时仍带电的火灾。而顶挂、壁挂的日常照明灯具及起火后可自行切断电源的设备所发生的火灾则不应列入带电火灾范围。

（六）扑救 F 类火灾

可选择干粉灭火器。

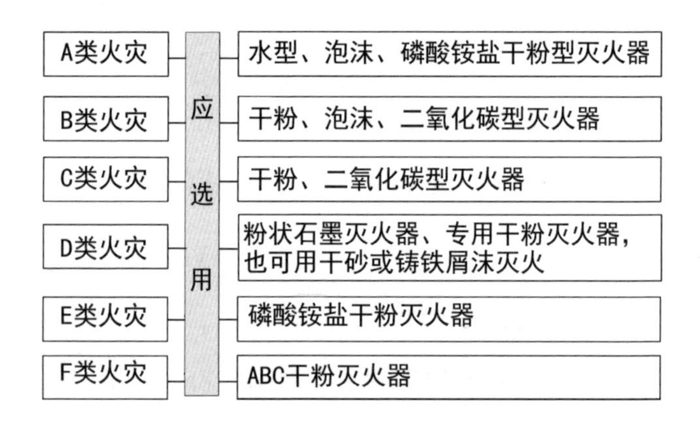

十、有六种火灾不能用直流水扑救

以下六种物质燃烧产生的火灾不宜使用直流水扑救，避免发生触电、爆炸或者反而促使火灾扩大化的危险。

（一）带电体燃烧发生的火灾

电器或线路着火时，在没有良好的接地设备或没有切断电源的情况下，一般不能用水来扑救高压电气设备火灾，防止触电。

（二）化学药品燃烧发生的火灾

储存有大量的硫酸、浓硝酸、盐酸等的场所发生火灾时，不能用直流水扑救，防止出现放热引起燃烧。

（三）可燃性粉尘燃烧发生的火灾

如面粉、铝粉、糖粉、煤粉等可燃粉尘发生火灾时，不能用直流水扑救，防止形成爆炸性混合物。

（四）含油类液体燃烧发生的火灾

轻于水且不溶于水的可燃液体火灾，不能用直流水扑救，防止液体随水流散，促使火势蔓延。可用干粉灭火器或沙土扑救。如果火势较小，可用浸湿的棉被、衣物等覆盖，令火窒息。

（五）遇水燃烧物质发生的火灾

如活泼金属锂、钠、钾；金属粉末锌粉、镁铝粉；金属氢化物类氢化锂、氢化钙、氢化钠；金属碳化物碳化钙（电石）、碳化钾、碳化铝；硼氢化物二硼氢、十硼氢等。

（六）高温生产装置或设备等着火

高温生产装置或设备发生火灾，如果直接使用直流水扑救，在突然冷却的情况下，极易引起设备破坏。

案例一：化工垃圾自燃，用水扑救爆炸

2023 年 3 月 31 日，某市一女子看到路边垃圾桶冒烟，担心烧着旁边的车辆，急忙泼水灭火，垃圾桶却突然爆燃，旁边那辆车子也被炸毁。有街坊说，垃圾桶中是旁边一家化工品店铺倾倒的化工品垃圾。

案例二：油锅着火，用水扑救爆燃

2019 年 5 月 21 日，某市一餐厅后厨，厨师在对油锅进行加热过程中擅自离开灶台，导致油温过高起火，情急之下用水进行灭火，导致火势扩大，所幸无人员伤亡。

案例三：带电体着火，用水扑救触电

2020 年 7 月 8 日，某市一汽配城内，一家商铺发生火灾，造成 7 人不幸身亡。调查结果显示，起火点位于商铺夹层木床处，发生火灾的直接原因是木床上 USB 充电设备故障打火引燃周围可燃物所致，现场人员在没有断电的情况下用水救火造成人员触电。

案例四：化工产品着火，慎用水扑救

2022 年 6 月 16 日 18 时 50 分许，某化工企业发生爆炸事故，造成 8 人受伤、6 人遇难。

十一、消防应急预案

社区、商超、企业等，要根据区域内的建筑及装修特点，用火、用电特性，以及存在可燃易燃物质的情况，在科学开展风险识别、评估的基础上，有针对性地制定切合实际的消防应急预案，并认真组织定期演练。

要使每位居民、员工等真正掌握火灾隐患的识别和排除知识，掌握初起火灾的扑救方法以及应急疏散的相关常识。

案例一：应急预案建功，居民从容逃生

2018 年 11 月 10 日，某市一小区居民楼发生火灾，居民在物业引导下快速疏散，小区人员在消防人员到场前就已经按照应急预案演练的方式使用消火栓在压制火势，为有序疏散被困居民和后续的灭火工作争取了时间。

案例二：惊慌失措，忘记报警

2020 年 7 月 25 日 19 时 48 分许，某地一杂物房发现起火后，值班员工发现火灾后，连续拨打了三个电话，却没有一个是打给 119。

第一时间拨打了第一个电话："老板老板！着火了！"然后拨打第二个电话："老板娘！着火了！"然后再打第三个电话给工友："这事我一个人承受不来，快来救救我。"

该值班员工拿了两个水桶试图灭火，火灾报警电话还是后边赶来的工友拨打的。

从发现起火到正确拨出报警电话，时间间隔超过 6 分钟。

案例三：误以为拨打 119 要收费而不敢报警

2017 年 4 月 11 日半夜，某市消防支队指挥中心接到火灾报警电话，消防员在到达现场 20 分钟后，成功扑灭火灾。

在对报警人进行询问时，报警人说：“我想报警，后来我又怕你们要收费，我就不敢打。”

其实报警人一个多小时前就发现了火灾，却因为害怕消防灭火要收费而迟迟不敢报警，最终导致小火变成熊熊烈火。

第二章　发生火灾怎么办

一、火灾处置三件事

发生火灾应冷静处置，努力做好扑火、报警求助和疏散逃生三件事。

（一）扑灭初起小火

起火 3 分钟内是自救灭火的最佳时机。常用灭火工具是水和灭火器。

注意：电器、线路起火要先关闭电源。

燃气起火要先关闭燃气阀门。

电和油起火不能使用直流水扑救。

（二）疏散逃生

发生火灾，应立即组织现场人员安全有序地疏散。

（三）报警求助

立即拨打 119 火灾报警电话，讲清楚火灾发生的地点、火灾性质，并派人迎接消防车。

案例一：加油时着火，15 秒成功扑灭初起小火

2022 年 1 月 8 日 15 时许，某县城南加油站员工为一辆摩托车加油时，摩托车油箱突然起火，当班员工立即大声呼喊“着火了！”他一边提醒周围人员，一边立即切断加油机电源中止加油，随后拿起灭火器对摩托车油箱及油枪火焰进行扑灭。

从发现起火到扑灭明火仅仅用时 15 秒，由于扑救及时，

未造成更大损失。

明火扑灭后，员工将摩托车推离加油现场。

案例二：摩托车油箱着火，车主逃离，加油站员工 40 秒成功扑灭初起火灾

2020 年 7 月 18 日 14 时 20 分，一辆刚刚加完油的摩托车在启动车辆时，因油箱溢油，油箱口处突然起火并迅速蔓延。

伴随着“着火了”的惊呼，车主迅速逃离事发现场，加油站站长胡某闻讯第一时间奔赴事故现场，另一名加油员迅速切断加油机电源，疏散站内车辆。

两人使用加油岛上配置的干粉灭火器迅速向起火处喷射。将火势扑灭后，两人顾不上摩托车燃烧后的高温，将滚烫冒着烟的摩托车推出站外至绿化带附近。

二、扑灭初起小火的基本常识

一旦发生火灾，在燃烧的最初阶段，一定要尽快扑灭初起火灾，这是灭火的最佳时机，也是火灾中减少损失的唯一方法。

扑救初起火灾常用方法如下：

1. 扑灭初起火灾可以就地取材。如使用灭火毯、棉被等罩住火焰，然后将火扑灭。

2. 也可及时用面盆、水桶等盛水灭火，或利用楼层内的灭火器材及时扑灭初起火灾。

3. 可移动的物品着火，要赶快把着火物移到室外安全区域进行灭火。

4. 油锅起火，可以直接关闭燃气阀、盖上锅盖灭火。

5. 家用电器着火，一定要首先切断电源，然后用棉被等覆盖窒息灭火，如仍未熄灭，再用水浇。

6. 如果着火物品内部有电池（常见的有手机、扫地机器人等需要充电使用的电器设备），灭火时一定要注意防止电池爆炸伤人。

7. 煤气、液化气灶着火，首先要第一时间关闭燃气阀门，然后使用灭火毯、围裙、衣物、棉被等浸水后捂盖扑灭。

8.救火时门窗要慢开，以免空气对流加速火焰蔓延和火焰突然蹿出，发生爆燃伤人。

9.要尽快将着火点附近的可燃物及液化气罐等转移到安全的地方。

三、防止复燃

（一）什么是复燃

复燃是指火灾在被熄灭后又重新点燃并继续燃烧的现象。

这种情况通常是由于未被彻底熄灭的火种和残留的可燃物在一定条件下重新点燃所致。例如氧气供应增加、温度升高或者外部因素引发的热源等。

众所周知，燃烧的条件是可燃物、助燃物和点火源同时存在并互相作用。

而扑灭初起火灾后，可燃物和助燃物仍然存在，最关键的是，灭火后的温度依然是较高的，这就存在了复燃的可能性。

（二）复燃会给灭火工作带来较大的难度和风险

一方面，复燃往往难以预测，可能会因为外界因素的变化而突然发生。另一方面，已经熄灭的火源可能已经被隐藏在建筑物的深处或者被掩盖在可燃物的中间，难以察觉。

一般来说，初起火被扑灭后，人会产生一种放松心理，而复燃在人们的麻痹大意时发生，其危险性可想而知。

（三）怎样防止复燃

1. 彻底灭火：在灭火后应该彻底检查并确保火源已经被完全扑灭。

2. 做好现场保护：比如设置好警戒带，防止未经授权的人员进入灭火区域，避免因为人为原因导致自燃的发生。

3. 做好通风降温调节：适当的通风可以降低温度，减小火源再次点燃的可能性。

案例一：卧床吸烟引燃被褥，扑灭 2 小时后复燃身亡

2023 年 1 月 5 日，某区一住宅发生火灾，过火面积 28 平方米，造成一名 81 岁老人不幸身亡。

老人房间内安装的监控视频记录下了起火的全过程：当晚 8 时 38 分左右，老人卧床吸烟后睡着了。8 时 57 分左右，床头蹿出零星小火，老人起床扑灭了明火。

然而，谁也没想到，2 个小时后，火势开始复燃。

当晚 11 时 15 分左右，明火再次燃起，迅速蔓延成灾，

老人不幸身亡。

案例二：用过的“艾灸条”复燃起火，一家三口逃过一劫

2023 年 11 月 30 日晚上 11 时 38 分许，某镇一民房发生火灾。火灾发生时，房间内住着一对 40 岁左右的夫妻和其 15 岁的女儿。

消防员到场后，成功疏散了 3 名被困人员，并扑灭了明火。

经消防部门事后调查，火灾发生前，妻子带女儿在起火客厅东侧卧室睡觉，丈夫在阁楼的小房间内睡觉。

据妻子回忆，由于近期感觉疲劳，就使用明火悬灸的木制艾灸罐进行艾灸。

当晚 10 时许，她点燃艾条放入木制艾灸盒，在肩腰部位进行了半小时左右的艾灸，在艾灸盒尚有温度的情况下摘下，未检查艾条是否燃尽，就用艾灸的绑条包裹艾灸盒，放在沙发上，然后熄灯睡觉。

一个多小时后，房间内发生火灾，造成室内装修全面过火，尤其是客厅以及通往阁楼的楼梯间损毁严重。

由于男主人住在阁楼小房间，受高温烟气上窜影响较重。万幸的是，阁楼有室外阳台，侥幸逃过一劫。男主人逃出时“全身黝黑”，因吸入较多烟气，口鼻内有较多碳化物。

四、疏散逃生的方法很重要

选择正确的疏散逃生路线，采取有效的个人防护措施，能够有效地降低和避免火灾造成的人身伤害。

1. 平常要留心记住所在区域的应急疏散通道，了解可能发生火灾的类型。

2. 认真参加消防应急预案的演练。

3. 在公共场所或铁路车辆、飞机、轮船上，应听从消防广播或现场工作人员指挥，安全有序地疏散。

4. 做好个人防护，正确使用呼吸器等个人防护用具。

案例：一个防火门，救了全家 7 口人

2020 年 3 月 21 日，某市一位自建房房主，因为在消防安全整治中落实了物防改造措施，在一楼至二楼楼梯口处加设防火门和防火隔墙。在一楼不慎发生火灾时，防火门成功地阻隔了火势和浓烟向上蔓延，为家中 7 口人逃生自救和消防人员到场救援争取了宝贵的时间。

五、任何一部电话都可以用来报火警

牢记火警电话“119”，事发时可用任何一部电话拨打“119”。

注意：无论所用电话是否欠费，都可以拨通这个电话。

第三章　详解如何拨打火灾报警电话

一、拨打火灾报警电话的意义

正确拨打 119 火警电话，不仅能够及时准确地向消防救援部门发出火警求救信息，而且能为消防指挥部门制定科学有效的灭火方案提供可靠依据，从而赢得扑救时间，最大限度地降低火灾造成的损失。

（一）火灾报警要知道

1.《中华人民共和国消防法》明确规定：任何人发现火灾都应该立即报警。任何单位、个人都应当无偿为报警提供便利，不得阻拦报警。

2. 报警越早损失越小。

3. 不管火势大小，都应及时报警，严禁谎报火警。

4. 一般来说，起火后的十几分钟，是灭火的关键时期。

5. 消防队救火不收费。

（二）报警的作用

1. 向 119 消防救援中心报告火警。

2. 向受火灾威胁的人员发出着火警报。

3. 向周围人员发出着火警报。

4. 向本单位及附近专职、义务消防队报警。

5. 在农村等偏远或居住分散地区可以向四邻报警，动员乡邻来灭火，防止火情蔓延。

初起小火可能只要一杯水就可扑灭，所以要尽可能早报警，为消防队灭火争取时间，减少火灾损失。

没有电话或没有消防队的地方，如农村和边远地区，可以敲锣、敲钟、吹哨、喊话，向四周报警，动员乡邻一起来灭火。

案例一：7 岁姐姐报火警，消防接警员电话指导，2 名小孩成功逃生

2020 年 3 月 19 日 17 时 06 许，某市一民房发生火灾，有 2 名 7 岁和 4 岁的小孩被困家中。消防接警员电话指导 2 名小孩成功逃生。随后，消防救援站出动 3 车 16 人赶往现场，火灾被成功扑救，无人员伤亡。

案例二：爸爸被困深井，6 岁女儿报警求助

2022 年 12 月 31 日，某市一名男子被困在自家院子里的深井中，6 岁女儿见状第一时间拨打 119 电话，向应急

救援中心求助。消防救援人员到达现场后，将安全绳一端送入井下，指导被困者配合救援，5分钟后成功将被困男子救出。

案例三：报警人说不清人员被困位置，消防员跑空3次

2023年9月26日，一工人施工时不慎从桥上摔下落水，另外一名工友试图解救未果，紧急拨打119寻求救助。

接警后，消防救援人员立即出动，却没有找到求助人。路上报警人重新给了新的位置，然而到达报警人提供位置后却依然没有发现被困人员。再一次联系报警人，他表示对所处位置也不是很清楚，消防救援人员根据其描述，导航去了第三个位置，同样没有发现被困人员。

由于该地区面积大且地形复杂，消防救援人员决定与报警人约定集合地点，在他的带领下，最终在一个桥下发现了被困人员，此时距离出发时间已经过去了20多分钟。

据被困者本人描述，当天在户外作业时不慎跌入对岸河道内，自己从对面爬了过来并求助工友，工友尝试施救没有成功，幸好工友拨打了119寻求救援。他在这里已经

被困了几个小时，落水时打湿的衣服都已经干掉了。

由于该施工队多数为外来人员，对当地的环境不很了解，造成说不清救援位置的情况。

案例四：报警人紧张慌乱语无伦次，耽误时间1小时

2023年9月16日凌晨2时43分，某处发生火灾，由于当时报警人员一直在哭，不能清楚地说出发生火灾的具体位置，消防救援人员只能先向火灾方向发车，出警途中，站长多方联系当地有关部门，请求搜寻火灾准确地址，几经周折，最后经过一个小时，终于在3时43分到达火灾现场，经过紧张的救援，火灾被成功扑灭，无人员受伤。

二、正确拨打火警 119 电话的方法

及时正确地拨打火警电话，讲清楚火灾信息，确保消防应急救援快速准确地到达火灾现场实施灭火救援，从而赢得扑救时间，最大限度地降低火灾造成的损失。

拨打 119 火灾报警电话要讲清楚要点：

报火警时注意“三个讲清”和一个“迎引”。

1. 讲清楚火灾地点

××× 单位、×× 区 ×× 街 ×× 号发生火灾。

2. 讲清楚火灾类型

××× 物质在燃烧，火势很大，请速来扑救。

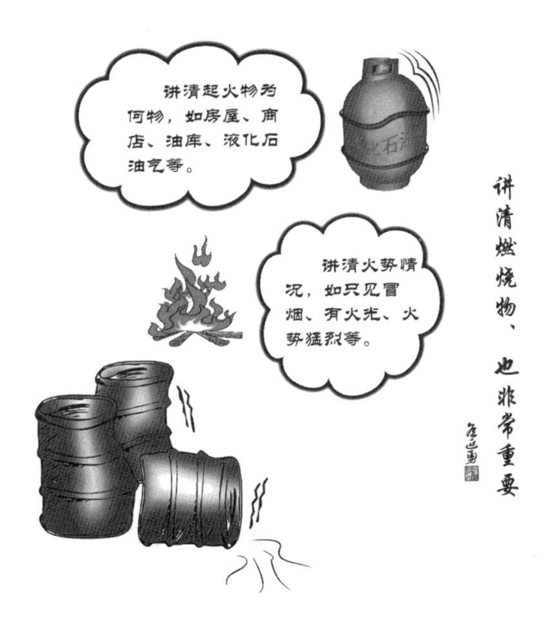

3. 讲清楚报警人的姓名和联系方式

我的名字是 ×××，电话号码是 ×××××××。

4. 迎接引导消防车

为了使救援中心的消防车尽快抵达火灾现场，应安排人员到主要路口进行迎引。

案例一：隐瞒火灾信息，影响救援处置方案的正确制定和实施，导致进入火场的 25 名消防人员因爆炸全

部牺牲

2015 年 8 月 12 日 22 时 51 分许，位于某市的一公司危险品仓库发生火灾爆炸事故。

救援人员赶到现场，在向涉事公司负责人了解情况时，对方隐瞒了仓库中存放有易燃易爆的硝酸铵和硝化棉等危险物品的重要信息，导致救援方案没有考虑危险化学品剧烈爆炸的风险，在 25 名消防人员进入仓库抢险时，突然发生爆炸，全部遇难。

案例二：男子谎报火警被依法处理

2023 年 6 月 20 日 21 时 22 分 55 秒，某区消防救援大队 119 指挥中心接到报警称：某村一手袋厂二楼起火，有冒烟情况，无人员被困。

接到报警后，指挥中心立即调派区消防救援大队下属消防站、队，以及当地村微型消防站赶往现场处置。

然而，救援人员到达现场之后反复排查，并未发现火情，多次联系报警人，但对方却拒接电话。

经核查，证实为虚假警情。

区消防救援大队与区公安分局及时沟通，并联合辖区派出所依法传唤报警人开展调查。

经审，该男子对其谎报警情的违法事实供认不讳。区分局依法对其作出拘留10日，罚款500元人民币的行政处罚。

第四章　使用消防栓扑灭初起火灾

一旦发生火灾，可以使用消防栓第一时间扑灭初起火灾。

（一）消防栓报警按钮

室内消防栓报警按钮设置在消防栓箱内。

当发生火情，灭火人员按下消防栓报警按钮，火灾信息会立即传送至消防控制中心，消防警铃会发出火警警报，同时，自动启动消防栓水泵，启泵信号灯亮。

消防栓报警按钮

（二）消防水带

消防水带设置于消防栓箱内，是用于连接消防栓出水口至起火点的灭火供水通道。消防水带在展开铺设时应避免压叠，以防止降低耐水压能力，还应避免扭转，以防止充水后水带转动面使内扣式水带接口脱开。充水后应避免在地面上强行拖拉，需要改变位置时要尽量抬起移动，以减少水带与地面的磨损。

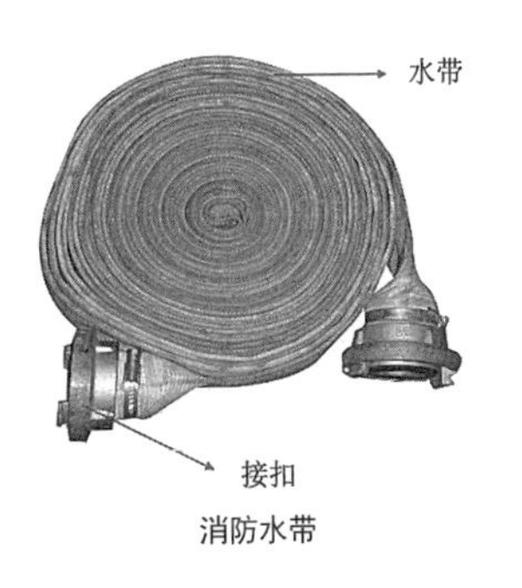

消防水带

有衬里消防水带

（三）消防水枪

消防水枪设置在消防栓箱内。发生火情，直接连接在水带接扣使用。

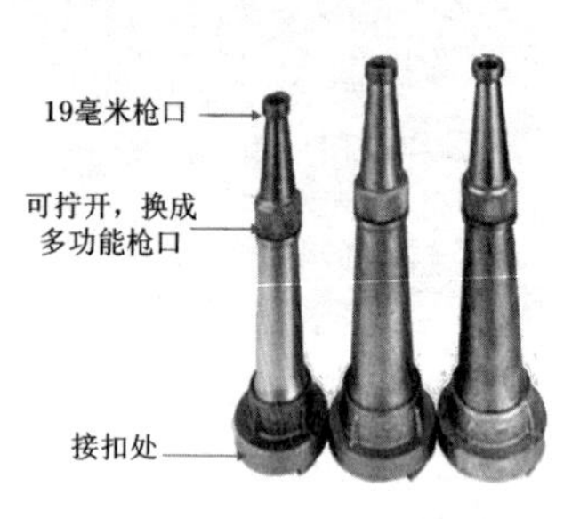

（四）消防栓使用方法

发现火情，应迅速在楼梯间或过道处找到消防栓箱。

1.打开消防栓箱门；

2.按下手动报警按钮；

3.取出水带并展开，一头连接在出水接扣上，另一端接上水枪；

4.快速拉取水带至事故地点；

5.同时缓慢开启球阀开关（严禁快速开启，防止造成水锤现象）；

6.紧握水枪，对准火源根部喷射灭火；

7.火灾扑灭后，必须把消防水带打开晒干水分，并经过检查确认没有破损后，才能按规定方式收回到消防栓箱内；

8.水枪严禁对人喷射，避免高压伤人。

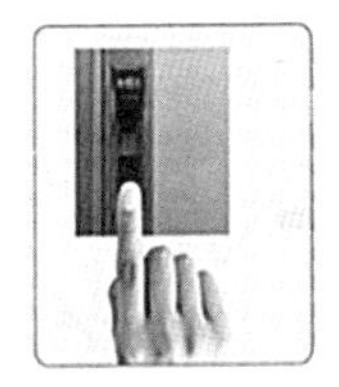
打开箱门，按下消防栓报警按钮

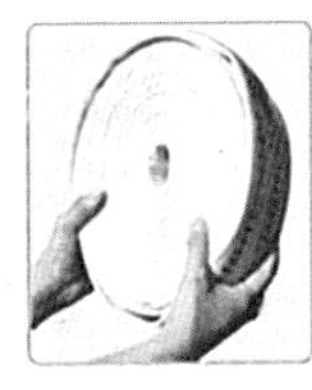
取出消防水带，展开

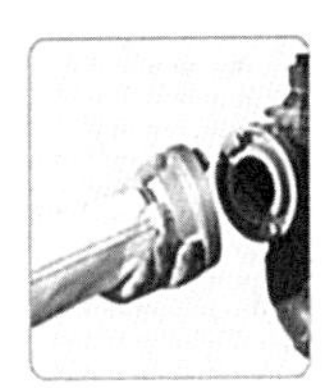
水带一头接在消防栓接口上

水带另一头接上消防水枪

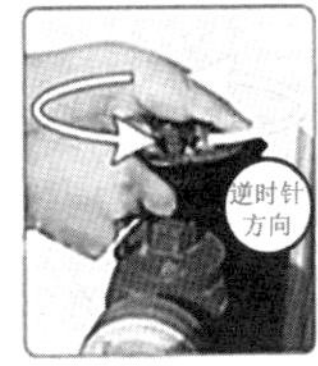

逆时针方向轻缓打开消防栓阀门

对准燃烧点火源根部灭火

消防栓操作要领

案例一：近水救近火，使用消火栓6分钟扑灭明火

2022年10月26日17时20许，某街道一小区2楼发生火灾。事发时，小区一保安正在大门执勤，看见5栋2楼有大量浓烟冒出，立即向物业管理人员进行汇报并报警。随后会同另一名值班人员赶到起火楼层，迅速断掉电源。

此时楼梯间浓烟弥漫，起火房间大门上锁，无法进入，二人通过楼梯窗从起火房间的阳台进入屋内打开大门，随后，利用楼道设置的室内消火栓对起火点进行喷水，仅用6分钟便成功扑灭火势。

案例二：微型消防站就近出警，1分钟到达现场，使用消火栓5分钟扑灭初起火灾

2023年7月13日14时3分许，某街道一民房附近堆放的光缆线着火。

消防救援指挥中心立即调派辖区队、站前往处置，同时启动联勤联动机制，调度临近的微型消防站前往现场处置。

7名队员在1分钟内到达现场，按照职责分工利用灭火器以及周边的室内消火栓铺设水带进行扑救，历经5分钟，火灾被成功扑灭在初起阶段。

第五章　使用灭火器扑灭初起火灾

灭火器是扑灭初起火灾的最佳利器，具有取用方便，操作简单、效果明显、价格低廉等特点，是存在火灾风险的场所应该常备的主要消防器材之一。

案例一：

2020年12月14日，某市一商城布置在室外的圣诞树突发火灾。现场微型消防站迅速出动,1分钟到达着火现场，用灭火器进行处置，随后又利用墙式消火栓连接水带水枪进行灭火，4分钟扑灭了火势，避免了火灾的进一步蔓延。

案例二：

2020年4月27日，某市一公寓后的电瓶车集中充电点内一辆电瓶车充电时发生自燃，并迅速引燃周围其他电瓶车。

社区微型消防站队员立即拿来灭火器对自燃电瓶车进行灭火处置，同时利用消防斧对已扑灭明火的电动车进行破拆，并使用绝缘剪将电动车电池电源线剪断，防止复燃，成功处置了这一起突发火灾。

案例三：

2019年7月23日，某省一商场地下车库内轿车起火。微型消防站人员接到火警信号后，第一时间携灭火器到场进行处置，并用室内消火栓喷水灭火，同时自动喷淋系统自动启动，防止火势蔓延。随后消防救援人员到场对车辆进行冷却处置，并进行排烟处理。

一、常见手提式灭火器的通用操作方法

发生火灾，迅速到就近的消防器材存放处取出灭火器，第一时间赶赴起火现场扑灭初起火灾。

一般常见灭火器的通用操作方法为四步：

1. 提起灭火器赶赴着火现场；

2. 拔下灭火器的铅封，拉出保险销；

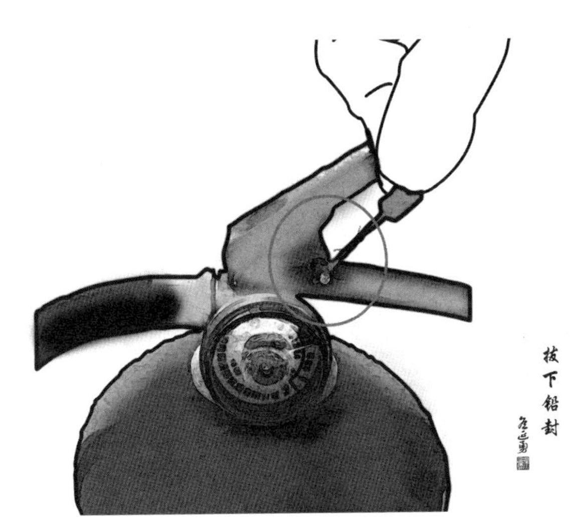

拔下铅封

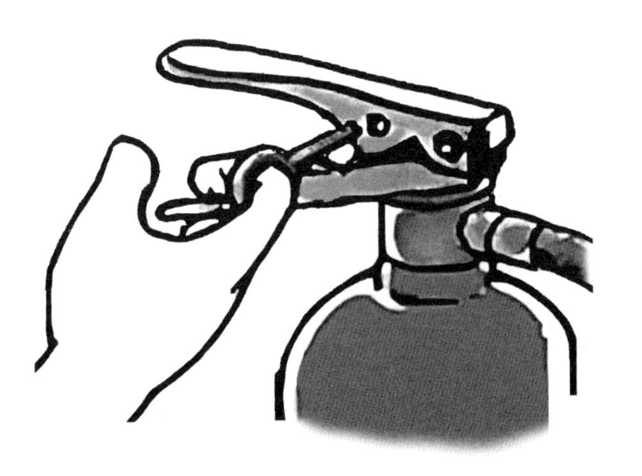

拉出保险销

3. 一手握住灭火器的喷射软管对准着火点；

4. 另一手按下压把，对准火源根部喷射。

二、使用干粉灭火器扑灭初起火灾

（一）干粉灭火器适合扑救的火灾类型

干粉灭火器适用于扑救石油及其制品、可燃液体、可燃气体、可燃固体物质的初起火灾，也可以扑灭电气设备的火灾。

碳酸氢钠型适用扑救易燃、可燃液体、气体及带电设备的初起火灾。

磷酸铵盐型除可扑救上述火灾外，还可扑救固体物质火灾。

干粉的特点是灭火效率高、不导电、不腐蚀、毒性低、不溶化、不分解、可以长期保存，缺点是不能防止复燃。

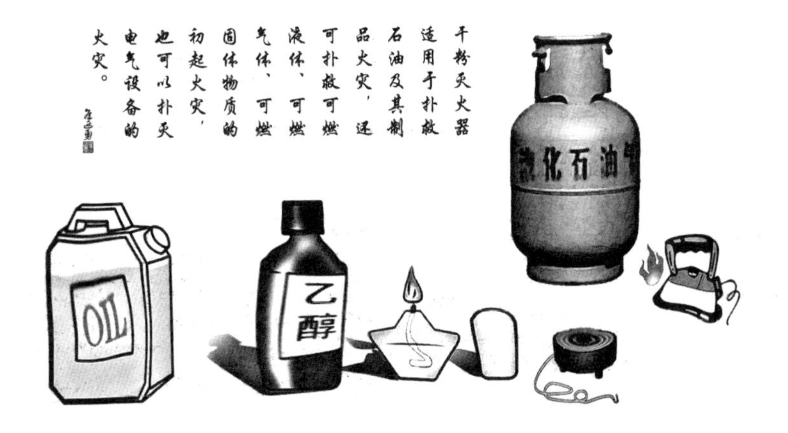

（二）手提式干粉灭火器怎么用

1. 使用时，应手提灭火器的提把，迅速赶到着火处；

2. 在距燃烧处 5 米左右放下灭火器，如在室外，应选择上风方向；

3. 使用前，先把灭火器上下颠倒几次，使筒内干粉松动；

4. 使用内装式或贮压式干粉灭火器时，应先拔下保险销，一只手握住喷嘴，另一只手用力压下压把，干粉便会从喷嘴喷射出来；

5. 迅速摇摆喷嘴、使粉柱横扫整个火区；

6. 由近及远，向前推移，将火扑灭。

（三）推车式干粉灭火器的使用方法

推车式干粉灭火器适合扑救一般的固体物质燃烧、液体物质燃烧、气体物质燃烧和蒸汽、带电设备燃烧引起的火灾。

1. 两个人操作，一个人取下喷枪，展开喷带，然后用手扣住喷枪的扳机。注意喷带不能弯折或打圈；

2. 另一个人拔出开启机关的保险销，向上提起手柄，将手柄扳到正面冲上的位置；

3.对准火焰根部，扫射推进，注意死角，防止复燃；

4.灭火完成后，首先关闭灭火器后期阀门，然后关闭喷管处阀门。

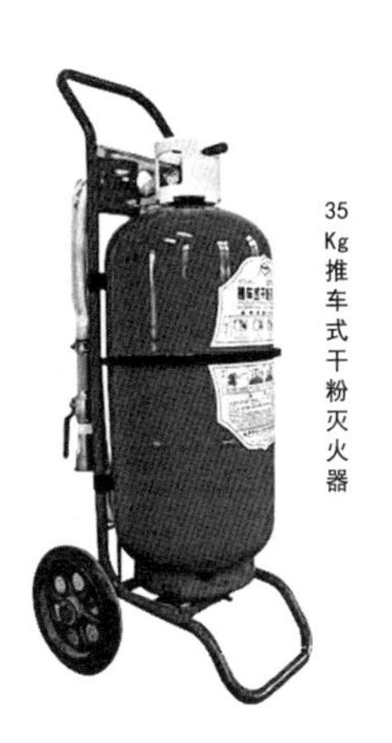

35Kg推车式干粉灭火器

（四）使用干粉灭火器灭火的注意事项

1.不宜逆风使用。

2.使用干粉灭火器灭火后要防止火焰复燃。

因为干粉灭火器的冷却作用不大，在着火点存在炽热物质的情况下，灭火后易产生复燃。

3.灭火用的干粉对人体和环境有较大污染。

4.用干粉灭火器扑救流散液体火灾或容器内可燃液体火灾时，应从火焰侧面对准火焰根部，左右扫射。当火焰被赶出容器时，应迅速向前，将余火全部扑灭。

灭火时应注意不要把喷嘴直接对准液面喷射，以防干粉气流的冲击力使油液飞溅，引起火势扩大，造成灭火困难。

5.用干粉灭火器扑救固体物质火灾时，应使灭火器嘴对准燃烧最猛烈处，左右扫射，并应尽量使干粉灭火剂均匀地喷洒在燃烧物的表面，直至把火全部扑灭。

6.使用干粉灭火器应注意，灭火过程中灭火器应始终保持直立状态，不得横卧或颠倒使用，否则不能喷粉。

三、使用二氧化碳灭火器扑灭初起火灾

（一）二氧化碳灭火器的适用范围（BCE 类）

二氧化碳灭火器适用于扑灭油类、可燃液体、可燃气体、电器设备、仪器仪表、文物档案资料、600 伏以下电气设备等的初起火灾。

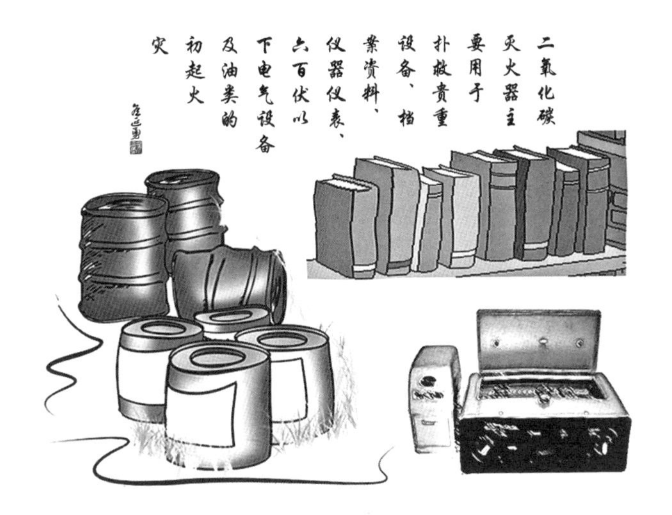

（二）手提式二氧化碳灭火器的使用方法

1. 首先将灭火器提到起火地点，拨出铅封和保险销；

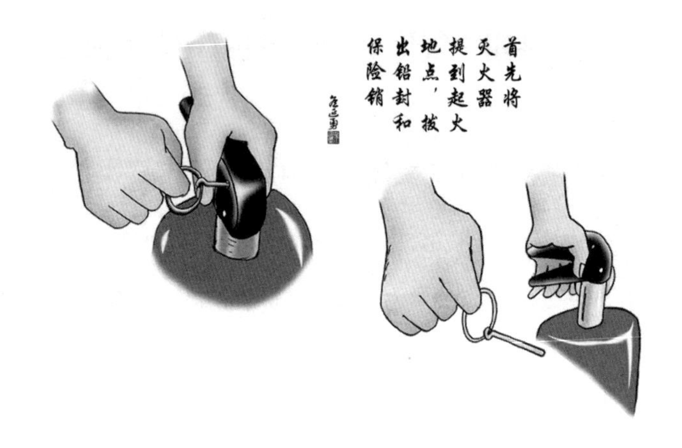

2. 一只手握住喇叭筒根部的橡胶手柄，另一只手紧握启闭阀的压把；

3. 对没有喷射软管的二氧化碳灭火器，应把喇叭筒往上扳 70 ~ 90 度；

4.不能直接用手抓住喇叭筒外壁或金属连接管，防止手被冻伤；

5.在室外使用二氧化碳灭火器时，应选择着火点上风方向喷射，避免灭火剂被风吹散而影响灭火效果。

（三）推车式二氧化碳灭火器的使用方法

适用扑救各种固体材料燃烧、液体材料燃烧、气体和蒸汽燃烧，以及带电设备的燃烧的初起火灾。

推车式二氧化碳灭火器一般由两人操作。

1.使用时两人一起将灭火器推或拉到火灾现场；

2.一人快速取下喇叭筒并展开喷射软管，距着火5米处，握住喇叭筒根部的手柄；

3.另一人快速按逆时针方向旋动手轮，并开到最大位置；

4.喷管对准火源根部喷射灭火。

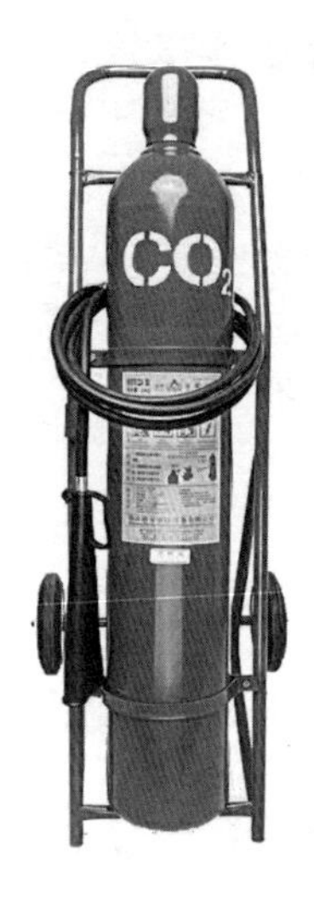

适用于扑救各种固体材料燃烧液体材料燃烧、气体和蒸汽燃烧，以及带电设备的燃烧引发的初起火灾

（四）使用二氧化碳灭火器的注意事项

1. 使用手提式二氧化碳灭火器喷射时，一定注意要握住橡胶柄，防止冻伤。

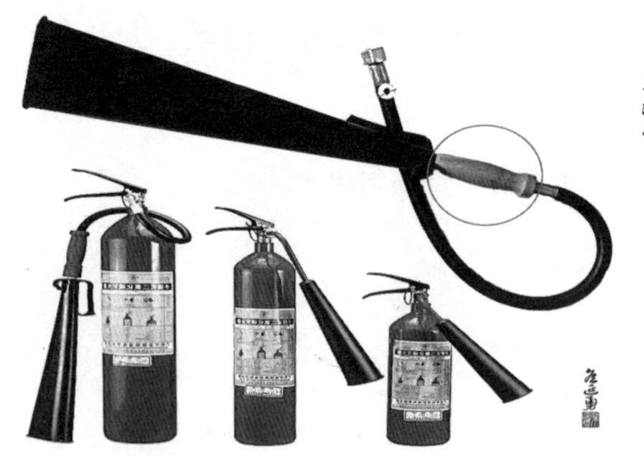

使用手提式二氧化碳灭火器喷射时，一定注意要握住橡胶柄，防止冻伤

2.在室内窄小空间使用二氧化碳灭火器灭火后，应立即开门开窗通风，并迅速离开，以防窒息。

3.在室外使用二氧化碳灭火器时，应选择在上风方向喷射。

四、使用（化学）泡沫灭火器扑灭初起火灾

（一）泡沫灭火器的适用范围

泡沫灭火器可用来扑灭 A 类火灾，如木材、棉布等固体物质燃烧引起的火情。最适宜扑救 B 类火灾，如汽油、柴油等液体火灾。

不能扑救水溶性可燃、易燃液体的火灾（如醇、酯、醚、酮等物质）和 E 类（带电）火灾。

注意：泡沫灭火器不可用于扑灭带电设备的火灾。

（二）手提式泡沫灭火器的使用方法

1. 发现火情，提着灭火器迅速奔赴火场；

2. 接近着火点，拉出保险销，按下压把，泡沫便会喷出；

3. 泡沫要尽量喷射到燃烧的液体上，冲击的速度不能太急，避免着火的液体流散或溅出；

4. 对于容器内的液体燃烧的情况，最好将泡沫喷射在接近液面的容器内壁上，使其自然地流到液面上。

（三）推车式泡沫灭火器及其使用方法

推车式泡沫灭火器的适应范围与手提式泡沫灭火器相同。使用方法如下：

1. 一般由两人操作，先将灭火器迅速推拉到火场附近；

2 . 由一人施放喷射软管后，双手紧握喷枪并对准燃烧处；

3 . 另一人则先逆时针方向转动手轮，将螺杆升到最高位置，使瓶盖开足。然后将筒体向后倾倒，使拉杆触地，并将阀门手柄旋转 90 度，即可喷射泡沫进行灭火。

若阀门装在喷枪处，则由负责操作喷枪者打开阀门。

由于此种灭火器的喷射距离远，连续喷射时间长，因而可充分发挥其优势，用来扑救较大面积的储槽或油罐车等处的初起火灾。

（四）使用泡沫灭火器的注意事项

1 . 泡沫灭火器不能和直流水一起使用，避免因为水对泡沫的稀释作用，使泡沫失去覆盖能力。

2 . 扑灭油类火灾时应将泡沫喷射在容器壁上，使泡沫层覆盖液面。不要直接冲击液面，避免造成燃烧的液体飞溅扩大火势。

五、使用水基型水雾灭火器扑灭初起火灾

（一）适用范围

适用于 ABCEF 类物质燃烧的火灾，即，除可燃金属起火外全部可以扑救。

手提式水基型灭火器

（二）主要优点

1. 水基型灭火器不受室内、室外、大风等环境的影响，灭火剂可以最大限度地作用于燃烧物表面。

2. 瓶身颜色有红、黄、绿三色可以选择。手提式水雾灭火器的瓶身顶端与底端还有纳米高分子材料，可在夜间发光，以便在晚上起火时第一时间找到灭火器。

3. 绿色环保。灭火后药剂可 100% 生物降解，不会对周围设备、空间造成污染。

4. 高效阻燃、抗复燃性强。

5. 灭火速度快，渗透性极强。

（三）水基型灭火器使用方法

1. 将水基型灭火器提至火场，在接近燃烧物处，将灭火器直立放稳；

2. 拔出保险销，按下压把，贮存的二氧化碳气体就会喷到筒体内，产生压力，使清水从喷嘴喷出灭火；

3. 喷射的水流对准燃烧最猛烈处喷射；

4. 不可倒置或横卧使用水基型灭火器，否则将喷不出水来。

（四）水基型灭火器使用注意事项

1. 水基型灭火器喷射出的柱状水流不能用于扑救带电设备火灾，否则有触电危险。

2．水基型灭火器不能用于扑救油类火灾、电气火灾、金属火灾、可燃气体火灾等。

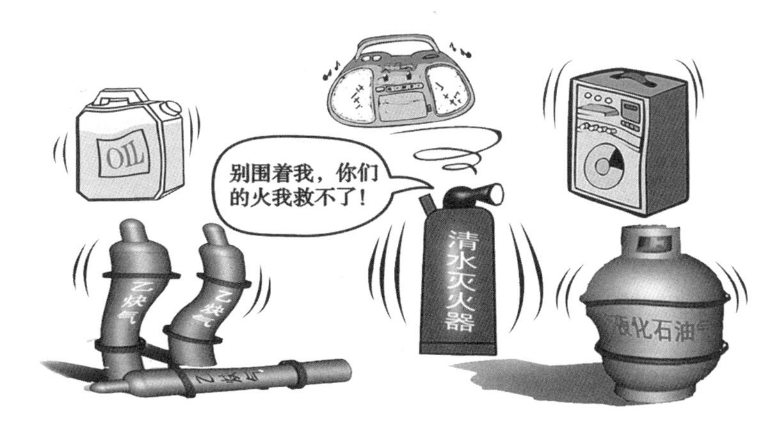

3．水基型灭火器不能放在离燃烧物太远处，因为水基型灭火器的有效喷射距离在 10 米左右。

六、简易式灭火器

简易式灭火器是近几年开发的轻便型灭火器。它的灭火剂充装量在500克以下，是一次性使用，不能再充装的小型灭火器。

简易式灭火器分为简易式干粉灭火器和简易式空气泡沫灭火器，其适用范围与相应的灭火器相同

（一）适用范围

简易式灭火器适用于家庭使用，简易式干粉灭火器可以扑救液化石油气灶及钢瓶上角阀，或煤气灶等处的初起火灾，也能扑救火锅起火和废纸篓等固体可燃物燃烧的火灾。简易式空气泡沫适用于油锅、煤油炉、油灯和蜡烛等

引起的初起火灾，也能对固体可燃物燃烧的火进行扑救。

（二）使用方法

使用简易式灭火器时，手握灭火器筒体上部，大拇指按住开启钮，用力按下即能喷射。

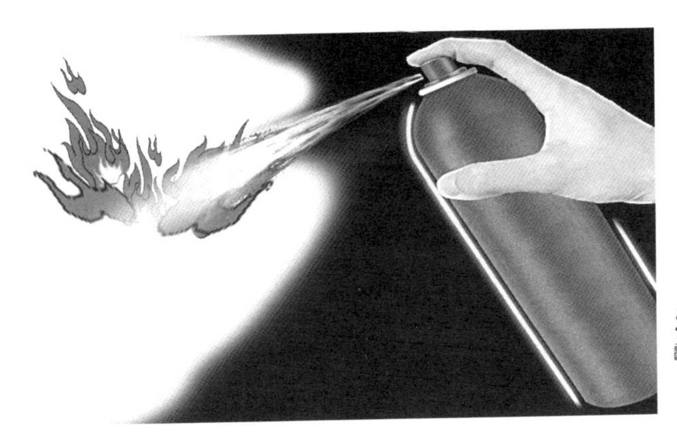

在扑灭液化石油气灶或钢瓶角阀等气体燃烧的初起火灾时，只要对准着火处喷射，火焰熄灭后即可将灭火器关闭，以备复燃再用。

扑灭油锅着火时，应对准火焰根部喷射，并左右晃动，直至把火扑灭。灭火后应立即关闭煤气开关，或将油锅移离加热炉，防止复燃。

（三）注意事项

用简易式空气泡沫灭油锅火时，喷出的泡沫应对着燃烧点上方的锅壁，使喷出的泡沫沿锅壁流下覆盖着火点。不能直接冲击油面，防止将油冲出油锅，扩大火势。

七、气溶胶灭火器

气溶胶灭火技术是新型的产气技术和纳米技术发展的结晶，具有操作简便、性能可靠、体积小巧、灭火效率高、无毒无害、绿色环保、免维护（无须年检）、安全可靠（不贮存压力，无意外爆炸的风险）等显著特点。

灭火有效物质由高效气溶胶产气药剂和新型灭火组合物共同产生

（一）气溶胶灭火器的适用范围

适用于工矿企业、商业宾馆、家居户外、图书馆、机房、厨房、汽车船艇、车库码头、加油站等各类场所配置，可用于扑灭 B 类（液体物质着火）、C 类（气体物质着火）、E 类（带电设备着火）及 F 类（食用油着火）的初起火灾。

（二）气溶胶灭火器的使用方法

使用时拉开保险环，对准火源按下黄色按钮喷射；也可在按下按钮后将气溶胶灭火器丢入火源进行自动灭火。

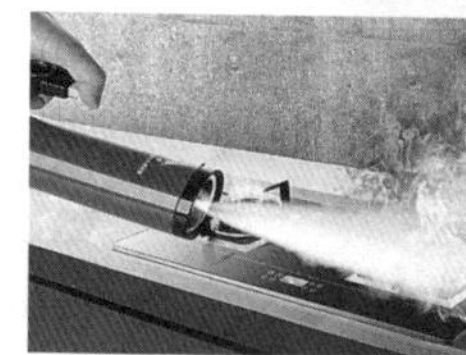

（三）注意事项

喷放过程中和喷放后几分钟请勿用手触摸气溶胶灭火器的喷口，以免烫伤。

灭火环境需相对密封，否则效果会大打折扣。

第六章　电气火灾的处置方案

电气火灾一般是指由于电气线路、用电设备、器具以及供配设备出现故障性释放的热能（如高温、电弧、电火花）和非障碍性释放的能量（如电热器具的炽热表面），在具备燃烧条件下引燃本体或其他可燃物而造成的火灾，也包括由雷电和静电引起的火灾。

家庭电气火灾其成因主要表现在：一是电气线路上；二是用电设备和器具上。

一、扑救电气火灾时要注意防止发生触电事故

（一）导电的灭火剂（如直流水等）喷射到带电部位，电流通过灭火剂传到人体，就会导致触电事故。

（二）扑救人员身体某部位或使用的金属消防器材直接与带电体接触，或与带电部分过于接近，引起电流流过人体而造成触电事故。

（三）由于破拆等原因，在漏电点周围形成跨步电压或接触电压，救火人员一旦进入这个区域就极易发生触电事故。

二、电气火灾一般有两种情况

1. 电气线路或设备本身燃烧起火。

2. 由于电气线路、设备起火引起建筑物或其他可燃物燃烧起火。

三、电气火灾的处置要点

（一）扑救电气火灾前，一般应先切断火场的电源，再实施灭火。

（二）如果必须进行带电灭火时，一定要采取有效的安全防护措施，确保扑救人员的安全。

注意：

1. 扑救电气火灾的最关键的一步是“断开电源，防止触电”；

2. 千万不能带电直接用水灭火，千万不能直接用手拉拽带电伤者。

近10年来，全国发生在居住场所的132.4万起火灾中，电气火灾占42.7%。

案例一：

2023年10月26日1时40分许，某市一住宅发生火情，接警后消防救援人员迅速抵达现场并立即展开处置。经调查，该起火灾是因为热水器电源线电气线路故障引起的。

案例二：

2023年1月3日3时许，某村一自建民房发生火灾，造成4人死亡。经调查，此次事故起火部位为该建筑一层西南角外墙货架区域。起火原因初步认定是锂电池（移动电源）发生故障引起火灾。

案例三：

2023年1月2日，某市一居民楼发生火灾，过火面积2平方米，烟熏面积较大。经调查，起火原因为放置在沙发上的插线板发生故障,引燃沙发,此次火灾造成1人死亡。

案例四：

2022年12月3日，某区一居民楼发生火灾，导致1名住户死亡，火灾原因是住户用小太阳取暖所致。

案例五：

2022年12月2日，某县一栋三层砖混结构民房发生火灾，过火面积约30平方米，祖孙3人死亡，火灾燃烧物质主要为家具家电。

案例六：

2022年11月13日凌晨，某村一电动自行车维修门店发生火灾，造成3人死亡。经查，火灾原因是维修店经营者在店内给电动车充电，电池发生热失控起火，引燃周边可燃物蔓延成灾。

第七章　天然气火灾的应急处置

如果发生天然气泄漏着火或爆炸，要沉着冷静，立即按照以下方法。俗话说，“临危不乱，灾情减半”。

一、阻断燃烧源

1．迅速关闭天然气表前的阀门或天然气总管阀门；

2. 如果阀门附近着火，可以使用灭火毯或披上湿的棉织物，手上缠湿毛巾将阀门关死；

3. 移出着火点附近的易燃易爆危险物品。

二、现场处置

1 . 用水、灭火器、灭火毯等扑灭初起火灾，或用打湿的棉织物、砂土等覆盖灭火；

2 . 拨打 119 火警电话报警；

3 . 通知天然气管理部门；

4 . 抢救伤员，拨打 120 急救电话。

第八章　液化气钢瓶着火的应急处置

在使用中，钢瓶爆裂的事故并不多见，但一旦发生，往往后果不堪设想，因此，用户应该重视这类事故的预防。

一、液化气钢瓶着火的预防

1. 钢瓶质量必须符合要求。

2. 钢瓶绝对不允许超量灌装。

3. 钢瓶应远离高温。

4. 钢瓶与炉灶之间的连接软管必须符合要求，并按照使用时间的规定及时更新，定期使用肥皂水等检查连接处是否漏气，发现问题及时维修。

5 . 使用时不离人，人走必须关火。

6 . 用火完毕，应及时关闭液化气钢瓶的阀门和燃气灶阀门，严禁只关闭炉灶阀门。

二、液化气钢瓶着火了怎么处置

1. 切断气源是扑救液化气钢瓶着火的关键步骤。

2. 如果是管道供应的燃气应及时关闭进户总阀门。

3. 如果是钢瓶角阀漏气着火，应迅速使用灭火毯或打湿的衣物等包裹手臂关闭钢瓶阀门。

三、钢瓶爆裂的征兆

在扑救钢瓶火灾时，如果发现燃烧的火焰发白并且伴有“吱吱”声响、瓶体出现颤抖摇晃时，这就是爆炸前的征兆。此时,应立即撤离危险区域,避免造成人员伤亡事故。

火灾现场或其附近还有其他钢瓶时，应立即将其挪到安全区域，防止因高温灼烤发生爆炸。

2023 年液化气罐十大典型事故

案例一：

2023 年 6 月 21 日 20 时 40 分许，某区一烧烤店发生一起特别重大燃气爆炸事故，造成 31 人死亡、7 人受伤。

经查，烧烤店总店长海某（已死亡）、工作人员李某某（已死亡）违反有关安全管理规定，擅自更换与液化气罐相连接的减压阀，导致液化气罐中液化气快速泄漏，引发爆炸。

案例二：

2022 年 6 月 24 日，某市时代广场一商户发生液化石油气瓶燃爆事故，事故共造成22人受伤，其中2人经抢救无效死亡。

案例三：

2022年6月21日，某市一门面房因液化气罐泄漏引发的爆炸事故，造成13人受伤。其中3人因受伤严重、伤情恶化，经抢救无效死亡。

案例四：

2022年6月1日，某街道一早餐店发生火灾并引发燃爆事故，造成1人死亡、13人受伤，其中1名消防员在处理事故时不幸牺牲。事故原因是液化石油气罐泄漏导致空间丙烷浓度过高引发爆炸。

案例五：

2021年2月23日，某区一餐厅发生液化石油气爆炸事故，造成1人死亡、6人受伤，直接经济损失约473.64万元。

经调查，事故的直接原因为：液化石油气配送人员在更换事发餐厅液化石油气气瓶后，发现瓶阀上部发生泄漏，在现场违规拆卸瓶阀，导致液化石油气从瓶阀处快速泄漏，与空气混合达到爆炸极限浓度，遇电气火花发生爆炸，导致事故发生。

案例六：

2021 年 1 月 7 日，某区一街道小陈小吃店发生一起瓶装液化石油气泄漏爆燃较大事故，造成 3 人死亡，直接经济损失约 255 万元。

事故的直接原因为：小吃店店主在未关闭瓶阀状态下更换液化石油气钢瓶（该瓶无自闭阀），违规操作导致液化石油气泄漏。店主临场处置不当，立即逃离现场，爆泄气体遇明火后发生爆燃，引燃室内可燃物致使灾情迅速扩大。

案例七：

2020 年 11 月 18 日，某镇一土菜馆发生液化气罐泄漏燃爆事故，造成 34 人受伤，直接经济损失约 760 万元。

事故的直接原因为：市气站提供给该土菜馆使用的气

瓶超期未检，且已报废，该气瓶底座已严重变形，导致下封头曲面部位也严重变形，壁厚明显减薄。此外，该土菜馆将这种存在重大安全隐患的气瓶随意放置在容易受阳光照射的玻璃门后，底座及下封头曲面部位严重变形的气瓶在阳光的持续暴晒下，气瓶底座与罐体开裂，液化石油气泄漏后遇厨房明火发生燃爆。

案例八：

2019年10月13日，某区一小吃店发生一起液化石油气爆炸事故，造成9人死亡、10人受伤，部分房屋倒塌，直接经济损失约1867万元。

事故的直接原因为：该小吃店气瓶间一只液化石油气钢瓶使用不符合规定的中压调压阀，导致出口压力过大，加之软管与集气包连接的卡箍缺失，造成软管与集气包连接接头脱落，液化石油气大量泄漏、积聚，与空气混合形成爆炸性气体，遇到电冰箱继电器启动时的电火花引起爆炸。

案例九：

2017年7月21日，某区一野鱼馆因液化石油气泄漏发生爆燃事故，共造成3人死亡、44人受伤，直接经济损失700余万元。

事故的直接原因为：该野鱼馆内一只连接气化器的50千克液化石油气钢瓶瓶阀处于开启状态，在持续高温天气状况下，连接液化石油气灶具与二次减压阀的橡胶软管老化且连接不牢固致使脱落，燃气持续泄漏，在厨房、气瓶间、备餐间这一连通的相对封闭区域形成爆炸性气体环境，达到爆炸极限后由冰箱压缩机启动时产生的电火花点燃而引发爆炸。

案例十：

2015年10月10日，某社区一家“砂锅大王”小吃店发生一起重大瓶装液化石油气泄漏燃烧爆炸事故，造成17人死亡，直接经济损失约1528.7万元。

事故的直接原因为：该“砂锅大王”店主在更换为铁板烧灶具供气的钢瓶时，减压阀和钢瓶瓶阀未可靠连接，泄漏的液化气与空气混合，形成的爆炸性混合气体遇邻近砂锅灶明火，导致钢瓶角阀与减压阀连接处（泄漏点）燃烧。该店主在处置过程中操作不当，致使钢瓶倾倒、减压阀与角阀脱落，大量液化气喷出，瞬间引发大火，倾倒的钢瓶在高温作用下爆炸。

说明：此处使用多达十个案例，旨在强调这种与生活密切相关的物品，一旦使用不当发生危险往往是致命的。

特别是经营性餐饮门店，大多具有人流量大、业务繁忙的特点。提醒一下，不论多忙，一定不能忽视液化气的使用安全。

第九章　家电着火的应急处置

发现家电冒烟、起火等异常情况时，应沉着冷静，行动迅速、动作准确。

一、家电着火先断电

1．拔下电源插头断开电源。

2. 如果发现电源插头已经发烫变软，切记不要贸然用力拔出，避免触电。可以采取断开前端电源或断开电源总闸的方式有效切断电源。

3. 迅速移开着火物附近的易燃易爆物品。

二、家电着火的应急处置

1. 对家电机身冒烟的情况，可在断电后，将家电移到通风处散热冷却，请专业人员检查、维修。

2. 家电着火，可采用灭火毯、厚棉被覆盖、窒息灭火的方式处置。注意：不能采用化纤织物覆盖，以防引燃。

3. 也可用干粉灭火器灭火。

4. 严禁带电浇水扑灭家电着火。

5. 如果情况严重，拨打 119 火灾报警电话请求救援。

三、带电灭火

有时为了争取时间，防止火灾扩大蔓延而来不及切断电源，或因火势阻隔无法切断电源，则需要带电灭火。

带电灭火应注意做到以下几点：

（一）选用适当的灭火器

在确保安全的前提下，应选用充装不导电灭火剂的灭火器进行灭火，如二氧化碳或干粉灭火器。

（二）用水进行带电灭火

用水扑救带电体火灾时，灭火人员必须佩戴全套的绝缘保护设备，如绝缘手套、绝缘靴。水枪喷嘴在安装有效接地线的情况下，可选择喷雾水枪灭火，或者采用断流水的战术进行灭火。

（三）避免与水流接触

在带电灭火过程中，人应避免与水流接触。没有穿戴保护用具的人员，严禁接近灭火区域。

提醒：带电灭火的要求非常高，且具有很大的危险性，非专业人员慎用。

第十章　锅内热油着火的应急处置

一、油锅着火不能用水来扑救

1.因为油会浮于水面之上，且水入滚油立即沸腾，会使火势加大。

2.火会随着水的流动蔓延，加大着火面积。

二、油锅着火的应急处置方法

1. 可迅速盖上锅盖窒息灭火。

2. 可把切好的蔬菜倒入锅内冷却灭火。

3. 小面积的油火流到地面上，可以采用砂土覆盖灭火。

4. 可以使用干粉灭火器扑灭油火。

三、处置油锅着火的注意事项

1. 应急处置时，要动作准确，避免滚油烫伤自己。

2. 注意油火不要溅到燃气管线、塑料储油桶以及其他易燃物品上。

案例一：

2023年1月4日，某地一老人在家中做菜时，油锅突然起火，老人欲用水浇灭，幸好被及时制止，用锅盖盖住着火油锅，才未造成火势蔓延。

案例二：

2023年7月27日，某区一餐馆后厨灶台炼油时，有事离开无人看守，等到油温过高时起火发生燃烧，短短十几秒的时间就蹿起一米多高的火焰，店员试图自行灭火但未成功，消防救援人员及时赶到现场将火扑灭，所幸无人员伤亡。

第十一章　车辆着火的应急处置

一、汽车发生火灾时的处置要点

汽车在发生撞车、翻车或保养、加油之际极易发生火灾，保养不善的汽车也可能在行驶或停车后发生自燃。

汽车火灾的着火物质主要是燃油、内饰材料、违规放置的易燃物品、轮胎或者是车辆运载的货物等。

汽车发生火灾时，驾驶员注意以下几个要点：

1. 将车停在安全地带，疏散乘车人员；

2. 熄火并切断电源，关闭油箱开关；

3. 报警、灭火。

案例一：停车位置不当，起火引燃轿车

2023 年 2 月 21 日 14 时，某区一十字路口垃圾堆旁轿车起火，消防救援人员立即赶赴现场，到场后发现是一垃圾堆起火引燃旁边的两辆轿车，火势正处于猛烈燃烧阶段，消防员立即出两支水枪进行扑救，10 分钟后成功将明火扑灭。

案例二：轿车发动机起火自燃

2023 年 2 月 20 日 20 时 56 分，某市一酒店前门附近一轿车起火，消防救援人员立即赶赴现场，到场后发现是轿车发动机起火，车内无易燃易爆物品，警戒组立即疏散周围群众，灭火救援组立即出两支水枪对车辆进行处置，5 分钟后成功将明火扑灭。

案例三：半挂车在行驶中起火

2023 年 2 月 20 日 2 时 19 分，某国道某路段一辆半挂车起火，消防救援人员立即赶赴现场，到场后发现是半挂车的车头起火，火势正处于猛烈燃烧阶段，现场浓烟滚滚，车头已烧成空架。消防员立即出一支水枪进行扑救，15 分钟后成功将明火扑灭。

二、汽车加油时油箱着火的应急处置

1. 立即停止加油，迅速将车开到加油站外的安全地带；

2. 用随车的灭火器或灭火毯等将油箱上的火焰扑灭；

3. 如果地面有流散的燃料，应用灭火器或沙土将地面油料有效覆盖扑灭。

案例一：汽车突然起火，加气站员工及时扑救

2021 年 1 月 12 日 18 时 45 分，一辆车正在某加气站加气的时候，加气员突然发现车下冒烟，立即断掉气源，大声呼喊设备员检查车辆，发现车下面线路着火，于是快速拿起灭火器，跪在地上向车底着火部位进行扑救灭火。

由于加气员和设备员处置初起火灾快速得当，很快扑灭了车辆线路着火。

案例二：越野车加油时突然起火，2名女员工秒灭火灾

2019年2月17日，一辆白色越野车在加油站加92号汽油时，汽车油箱突然起火。加油站便利店员工立即按下一键断电按钮，切断加油机电源，两名女加油员拖出灭火器，仅用17秒将火扑灭。

三、公交车发生火灾的应急处置

（一）驾驶员的应急处置

公交车发生火灾事故，乘客的人身安全是第一位的。驾驶员应立即将车停靠在路边安全地带、打开全部车门、切断电源、组织人员疏散并报警。

1. 如果是发动机着火，驾驶员应组织乘客避开火焰，从车门下车；如果着火部位在汽车中部，驾驶员应指挥乘客从两头车门有序下车。

2. 如果火焰封住车门，或车门线路被烧坏无法开启，驾驶员可提醒乘客用破窗工具砸开就近车窗脱离危险区域。

3. 同时，使用随车灭火器等工具扑灭火焰。扑火时，应重点保护驾驶室和油箱部位。

一般不提倡从行驶的车辆上跳车，切记不要盲目拥挤、乱冲乱撞，避免发生踩踏等人身伤害事故。

特别强调：使用液化气的公交车，只要察觉到车厢内有液化气泄漏，必须立即组织乘客撤离。

燃油公交车失火后，火势蔓延需要一定的时间，乘客基本上只要选择避开火势就能安全逃生。

案例一：公交车突发自燃，7 名学生跳窗逃生

2023 年 9 月 11 日，某地一辆公交车在行驶过程中突然发生自燃，司机立即组织车内人员疏散，车内的 7 名学生跳窗逃生。

随后，司机在路边村民的协助下，使用车上的灭火器和水管扑救火灾。由于着火部位在车底，无法有效灭火，公交车被大火吞没，冒出滚滚黑烟。

消防救援人员赶赴现场，最终大火被扑灭，所幸未造成人员伤亡。

案例二：车辆着火，消防迅速处置

2023 年 8 月 18 日 19 时 17 分，某区一立交桥底一辆中巴车着火。接到报警后，市消防救援支队立即调派辖区消防救援力量赶赴现场处置，19 时 39 分，现场明火被扑灭，未造成人员伤亡。

案例三：假日车流高峰，公交车繁华路段自燃

2023 年 7 月 16 日下午，某市道里区，一辆新能源公交车行驶至报业大厦附近路段时突然自燃。事发时该路段正值周日车流高峰时段，现场有一位女士受伤。

（二）乘客怎样应对

公共汽车发生火灾，往往会因为乘客较多、恐慌情绪快速蔓延、拥挤踩踏等，疏散困难。

1. 乘客切记不要盲目拥挤、乱冲乱撞、尖声惊叫。

2. 尽量压低身姿，护住口鼻，躲避浓烟的伤害。

3. 听从司乘人员的指挥，沿车门有序疏散，脱离险境。

4. 如果火焰不大但封住了车门，乘客可用衣物蒙住头部，从车门冲下。

5. 如果车门线路被火烧坏，开启不了，乘客可利用车窗旁边悬挂的逃生锤等坚硬物品，破开就近的车窗，脱离危险区域。

6. 如果有人衣服被火烧着，应迅速脱下衣服，将火扑灭。如果来不及脱下衣服，可采取就地打滚的方法，将火滚灭。如果发现他人身上衣服着火时，可以脱下自己的

衣服或用其他布物，将他人身上的火焰捂灭。

注意：身上着火，切忌乱跑。

7.除非情况特别危险，一般不提倡从行驶的车辆上跳车。

8.离开着火车辆后，尽可能向上风方向疏散，同时注意避开主车道，防止过往车辆的二次伤害。

第十二章　乘坐地铁等轨道交通工具时发生火灾的应急处理

随着城市的发展，地铁等已经成为不可缺少的交通工具。因其客流量大且人员集中，加之其本身独有的特点，一旦发生火灾极易造成严重后果。

1.乘坐轨道交通工具发生火灾时，要沉着冷静，迅速按下设置在列车车门旁的紧急报警按钮报告火警，并利用车厢两侧配置的灭火器扑救初起火灾。

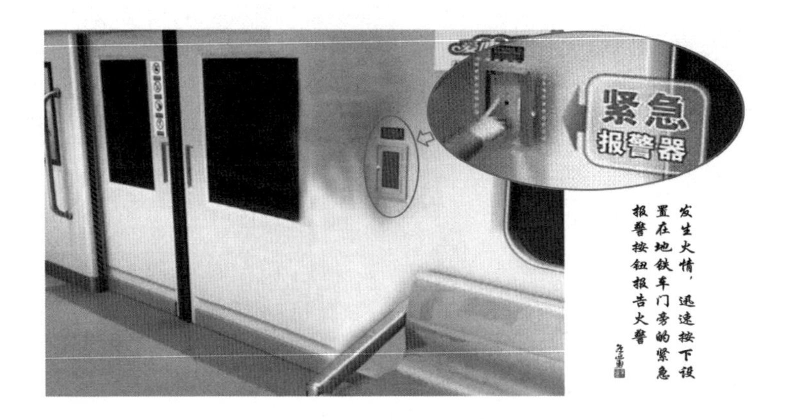

2.列车司机接到失火信息后，立即向车辆指挥中心报警，启动事故广播、应急照明和防排烟系统，并在下一站紧急停车，打开列车车厢门，安全疏散乘客。

车站工作人员启动地下铁路自动灭火设施，快速扑灭初起火灾；启动火场机械排烟与喷水排烟系统，控制风流并使用化学剂消烟。

3.乘客应服从指挥，掩住口鼻压低身姿，避免拥挤和大声喧哗。

乘务人员在引导乘客沿车厢两端出口有序疏散的同时，还可利用破窗工具开窗从窗口疏散。工作人员迅速引导乘客撤到地铁避难间，或经地铁安全出口疏散到安全地带。

4.清点同行人员，自救互救。

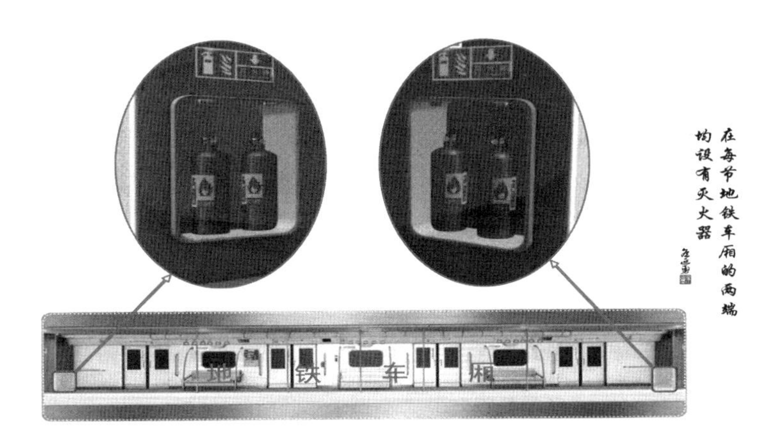

案例一：史上第一例地铁火灾，造成32人死亡、数百人受伤

1987年11月18日晚上8时，英国伦敦市中心的国王十字地铁站里发生了一起重大火灾。

当时正是地铁客流量高峰时段，火从木质电动扶梯下面的机械房里开始燃烧。

大火迅速进入纵横交错的地下通道，底层站台瞬时变成了火海，大火很快又蔓延到离地面7米的售票大厅。浓烟滚滚，许多人被烟雾呛得不停咳嗽、流泪、睁不开眼睛。

正在候车的乘客乱作一团，大厅里到处是混乱奔跑的人。人们惊慌失措，互相踩踏。一些人想进入地铁车厢里，但车厢门已经关上了。尽管乘客们使劲高喊，想挤开车门，但列车仍然扬长而去。头发着火的乘客跌跌撞撞四散逃命，月台上躺着一具具尸体，凄惨的场面令人不敢想象。

这次伦敦地铁大火，是有史以来世界地铁系统发生的第一次大火。大火烧了 4 个小时才被扑灭。电动扶梯完全烧成空壳，售票大厅的内部装置也被全部焚毁。火灾造成 32 人死亡，数百人受伤，经济损失严重。

火灾的起因有多种猜测。

由于地铁站的自动扶梯是古老的木质扶梯，为了让木质电梯正常运行，工作人员会定时在上面涂抹油脂。但由于工作人员的疏忽，夹缝里的垃圾却并不是经常清理，老旧的木质扶梯表面包裹着油脂，夹缝中塞满了累积的垃圾。

因此，多数人认为此次伦敦地铁火灾有可能是乘客随手丢弃的烟头引起的。

也有人猜测可能是由于堆在电梯下的垃圾被电梯发动机打出的火星引燃造成的。

还有报道称，事发前地铁公司曾接到一个恐吓电话威胁将在地铁内纵火，只是地铁公司并没有把这个电话当作一回事。所以怀疑这次火灾有可能是一次恐怖活动的结果，但是没有任何恐怖组织表态称对此事故负责。

火灾起因至今没有定论。

案例二：世界第二大地铁火灾——韩国大邱地铁纵火事件，站台内两辆列车被焚毁，192 人死亡、151 人受伤、21 人失踪，经济损失和社会影响无法估量

2003 年 2 月 18 日上午 9 时 54 分，大邱消防局接到第一个火灾报警电话，说地铁 1 号线在停靠中央路车站时车内发生了火灾，随后又陆陆续续接到几十通报告火灾的求救电话，着火车辆同时引燃了同一站停靠的另外一辆列车。

大邱消防部门立即派出消防车和救护员赶赴现场。远远就看见滚滚的浓烟从地铁站出入口和通风口窜出来，有几十米高。

消防人员立即开始救援，同时驱散围观的群众，但由于不少民众都是在接到在列车内的亲友的求救电话才赶到现场，他们希望第一时间了解亲友的下落，所以人们不愿离去。

大邱市政府一共调集了 84 辆消防车陆续赶到现场，

约有3200名警察及消防人员投入救援。

伴随火舌的飞舞，大量剧毒热烟尘也在不断排出，这无疑增加了救火的难度，现场的救援只能在一片漆黑的情况下缓慢进行，在车站里仅能靠绳索进出，将一个个被熏得漆黑的伤者抬出，获救的幸存者大多是倒在地下二层或是通往地下一层的楼梯附近。生死未卜的乘客和工作人员被困在地下二层、三层等待救援。随着火势越来越大，在热烟尘的作用下，地下三层炙热无比，光是通往站台的楼道附近温度就有六七十摄氏度了……

直到下午1时30分，地铁站的大火终于被扑灭，但车站内的温度依旧很高，毒气很大，根本下不去。直到下午4时之后，消防员才能戴着防毒面具，拿着强光手电筒进入车站。

站内满目疮痍，一片废墟，地下三层的站台里，消防员在残垣断壁的狼藉中终于见到了起火的那两辆车。它们已经被大火烧得只剩车架子了，车外有数不清的被烧得面目全非的遗体。

经查，此次地铁火灾是因为一个拎着黑色包的中年男人纵火引起的。约在上午9时52分，地铁离开半月堂站前往中央路站时，他从黑色包里拿出一瓶液体，接着就不停地把玩打火机，点火熄灭一直重复。在到达中央路车站时，他拧开随身携带的液体瓶盖，用打火机将瓶子点燃，火苗“噌”地一下就起来了。火引燃了他的衣服，男子随手将燃烧的瓶子往车厢一丢，瞬间整个车厢都被点燃了，还好这时列车已经进站，车门自动打开，乘客们都下了车，他也随着人流离开。

纵火犯名金大汉，56岁，曾做过流动小贩、货车司机和出租车司机，在2001年，因中风丧失工作能力后，就没再工作过。

作案动机是为了报复社会，案发当天上午9时30分左右，他带着刚购买的4升汽油上了地铁，9时53分，一号线到达中央路车站时，金大汉点燃汽油。由于列车内有着大量的可燃物，并且面对突发的火灾时，列车司机惊慌失措，没有在第一时间快速灭火，浓烟又导致断电，因此火势失控后，大火无情地将来不及逃走的乘客们吞噬。

2003年12月，事发10个月后，中央路车站修好重新启用，隔年8月，金大汉因病在狱中去世。

案例三：突发多次闪爆，列车全线延误

2023 年 7 月 29 日，某市轨道交通 2 号线一车站内突发多次闪爆，2 号线全线列车延误。现场画面显示闪爆发生时，轨道上火光四射，有白烟冒出，2 号线进站后临停，乘客被困车厢内 40 多分钟。

案例四：两例携带的充电宝乘车时发生自燃爆炸的案例

2023 年 9 月 16 日 19 时许，某市轨道交通 2 号线一列车上有一名乘客携带的充电宝突然冒烟，车内有乘客协助用水扑救，列车工作人员及时到场处理，为确保安全，调度部门组织该趟列车退出服务。

2023 年 5 月 29 日，某市轨道交通地铁 7 号线一节车厢内，一乘客携带的充电宝发生爆炸，所幸，地铁工作人员及时灭火，到站后乘客均按要求下车，在车厢外等候下一班车出行。地铁随后正常运行，事故未造成人员伤亡。

再次提示：搭乘地铁时遇到突发险情请保持冷静，及时通过车上的紧急求助按钮向工作人员反映情况。

紧急求助按钮操作方法：

首先打开保护盖，然后按下按钮，等待司机接通后，便可与司机通话。

不同线路的具体操作有一点不同，使用时大家可以留意其上方的操作指引。

第十三章　学校幼儿园火灾的应急处置

学校、幼儿园具有人员密集、未成年人多的特点，一旦发生火灾处置不当，极易造成未成年人伤害事故，社会影响巨大。

一、立即启动应急预案组织扑救

1.一旦发生火灾，发现人应立即拨打火灾电话报警，并迅速向有关领导报告；

2. 立即启动火灾应急预案；

3. 迅速扑救初起火灾。

二、立即组织师生有序疏散

1．教师和保育人员按照各自的职责立即组织人员疏散。火灾中，救人是第一要务，消防责任人和教师应在第一时间，按照火灾应急预案中应急疏散的演练方式，有序地组织学生和幼儿疏散转移。

2．安抚稳定学生和幼儿的情绪，维持秩序。

3．将伤者迅速送往医院救治。

4．学生或幼儿受伤，要及时通知伤者家长。

注意事项：

1．学校、幼儿园发生火灾时，保护学生和幼儿的生命安全是第一要务。

2．严禁组织未成年人参加灭火。

三、教室篇

1. 不携带火柴、打火机等火种进校园、进教室，更不要携带汽油、烟花爆竹等易燃易爆物品进入教室。

2. 不在教室门口逗留、玩耍、打闹，保证教室门口的通畅。最后离开教室的同学要关掉教室的电器和照明开关。

3. 爱护学校的消防器材，比如走廊存放的灭火器、疏散指示标志等。

4. 一旦发现教室中的电器设备出现异常，或出现火情，要立即向老师报告。

四、宿舍篇

1. 不违规使用大功率电器，不超负荷用电。

2. 不私拉乱接电线。

3. 不在宿舍内吸烟，不在宿舍内随意使用蜡烛、蚊香。

4. 不擅自使用酒精灯、酒精炉等产生明火的设备。

5. 台灯、电脑等电子产品远离枕头、被褥等易燃物品，手机等电子产品充电时不要离开。

6. 离开宿舍时，应断开电器电源。

7. 不挪用、损坏灭火器等消防设施。

强调：一旦发生宿舍火灾，立即拨打火灾电话报警。

案例：幼儿园午休时间起火，门卫连续喷完12罐灭火器灭火，32个小朋友安然脱险

2019年12月30日中午，某小区幼儿园一教室内的空调线路故障起火引发火灾。

在拨打报警电话和有效断开电源后，幼儿园门卫立即使用园内配置的干粉灭火器对初起火灾进行扑救，在连续喷完12罐灭火器后才将明火扑灭。

当时所有小朋友已吃完午饭，到隔壁的睡房脱衣服准备午睡。老师先闻到有烟味，感觉不妙，出来一看，教室后面整面墙着了火。发现火情后，老师立刻组织孩子拎着衣服有序离开睡房，安全地疏散到楼下空地上。

消防救援大队赶到现场后，迅速扑灭余火，火灾没有造成人员伤亡。

五、实验室篇

1 . 实验室应按照规定要求配置消防器材。

2 . 师生要提高消防安全意识和技能，掌握自救知识。

3 . 学生要严格遵守实验室安全操作规范，在老师的指导下使用实验室设备。

4 . 实验过程中，要严格遵守操作流程，不随便乱动或自行配制化学物品。

一旦发生实验室火灾，立即拨打火灾报警电话报警并组织学生有序撤离。

案例一：大学实验室发生事故，一博士生身体大面积烧伤

2022 年 4 月 20 日，某大学一实验室发生事故，导致该校材料科学与工程学院一名博士生被大面积烧伤，后被紧急送往医院 ICU 进行抢救，甚至还下达了病危通知书。

案例二：实验室发生火灾，4 名实验人员受伤

2022 年 5 月 3 日上午 11 点 10 分左右，某实验室发生

火灾，过火面积9平方米，现场明火已扑灭。共有4名实验人员受伤，其中两人轻伤，另外两人伤情较重，已送医院全力救治。

案例三：高校实验室突发爆炸

2022年6月7日傍晚，某市一所高校的实验室发生玻璃仪器爆炸事故，一博士生颈动脉险被碎玻璃扎透，面部、颈部、手臂等10多处被炸伤，手指肌腱暴露。所幸被及时送往医院抢救，碎玻璃片也都被逐一取出。

第十四章　森林草原火灾的应急处置

发生森林草原火灾要第一时间报警！

相关部门要迅速启动应急响应，科学研判，果断决策，协同配合，快速处置，全力以赴扑灭火灾。

森林草原是集水库、粮库、钱库、碳库于一身的宝贵资源，必须未雨绸缪、防患于未然，决不能让几十年、几百年、上千年之功毁于一旦。

人为用火不慎起火是造成森林草原火灾的主要原因。

案例一：

2020年5月8日16时30分，某地两村交界处发生森林火灾。森防指挥部立即启动火灾应急响应，迅速调集县应急、林业系统干部职工17人、专业扑火队员28人、县公安特警20人、消防员10人、医务人员5人、县人武部民兵15人、乡镇民兵应急分队80人、护林员400人、群众200人等共775人参加扑救工作。

余火于5月9日凌晨1时50左右全部扑灭，未造成人员伤亡。

案例二：

2020年5月7日11时30分左右，某地村寨附近发生山火，属地镇政府立即组织镇应急力量、护林员赶到现场扑救，同时向县委县政府、县森防办、县应急局、县林业局等部门报告。县委县政府接报后高度重视，及时启动森林防火应急响应，县应急、林业、消防、公安、综合执法局、武警、武装部、护林员及社会救援力量等共260余人赶往现场开展救援处置工作。在现场扑救指挥部组织协调下，州应急局组织协调航空救援力量全力参与扑救。采用扑打清理和开设隔离带等战术，以水灭火、跟进清理余火等人工作业手段，于当日23时15分成功扑灭了森林火灾。

案例三：

2020年5月8日14时08分，某镇林场发生山火，县人民政府立即组织应急、林业、消防、民兵、公安特警，会同镇护林员以及当地村委和群众等352人，出动车辆消防车20辆、无人机2架参加扑救。

通过认真研判分析，采取以保障周边民房和设施设备为主，先易后难、各个击破、以水灭火等战略战术，通过无人机从空中视角开展指挥调度，实现了精准指挥，高效扑救。

案例四：

2020年11月14日14时06分，某村马尾松林附近发生火情，林内腐殖质层厚达10厘米，极易燃烧，起火点为弃耕地，杂草丛生，与马尾松林已经连成一片，直接威胁人民群众财产安全。火情发生后，附近村民和村组干部立即投入20余人参加扑救，街道办事处应急分队30人快速前往火场参与扑救，市应急局、林业局同时派出人员前往火场指导扑救。

经过认真分析火势蔓延趋势和火情变化，决定采取沿火线外围直接跟进扑打外围火线，边打边清理余火，同时，组织精干力量利用砍刀在有利地势开设防火隔离带阻止火势蔓延进入林区相结合的方案进行灭火。

经过市级两局、街道办事处应急分队和当地干部群众60余人的共同努力，扑打外围火线100余米，开设防火隔离带200米，明火于16时50分全部扑灭，确保了附近大片马尾松林的安全。

案例五：

2020年4月26日中午12时许，某苗族自治县一村庄发生森林火灾，起火点位于村旁边农户农田，农田距离村民房屋直线距离约300米，当天天气晴朗，气温较高，风向不定，且房屋周围山林较为茂盛，加上农村现在撂荒较多，杂草极易燃烧，严重威胁附近村民房屋和群众生命安全。

接到报警，县森林防火应急队立即赶赴火场，通过研判分析火场态势，决定实施扑打清理和开设隔离带相结合的战术，采取“控面、灭线、打点”的战法迅速控制火势。经过县森林防火应急队、地方干部群众、公安等200余人历时7小时持续扑救，扑打火线3公里，清理烟点80余处，开设防火隔离带1公里。明火于4月26日19时全部扑灭。

案例六：

2020年8月31日2时59分，某县森林木业有限公司木材加工厂发生火灾，当地消防救援支队调集消防救援和战勤保障共7个大队、8个消防站、21辆消防车、94名指战员携各类侦检、破拆等器材装备10500余件套、泡沫40

余吨，赶赴现场处置。经过 13 个小时的艰苦扑救，17 时 10 分成功扑灭火灾。

此次火灾过火面积约 1000 平方米，无人员伤亡，成功防止火势向生产车间和周围蔓延，保护了生产车间价值约 1500 万元的生产设备、500 万元的货物、450 万元的厂房设施和 3000 立方的木材以及附近的森林资源。

一、森林初起火灾的扑救方法

1. 扑打法：适用于初发火及弱度火的扑救。一般采用扫帚等，沿火场两侧边缘向前扑打。扑打时须轻拉重压，避免带起火星，扑打方向不要上下垂直，应从火的外侧向内斜打，一打一拖。

2. 沙土埋压法：地面枯枝落叶层厚，火势强烈，靠人力扑打不易灭火时，可使用沙土埋压法，用喷土枪、铁锹等挖取沙土压灭火焰。

3. 水和灭火剂喷洒灭火法：如果火场附近有水，应当用水扑救，用抽水机喷水则更佳，如果有灭火剂，也可用于灭火。

4. 用风力灭火机灭火。

案例一：

2023 年 2 月 26 日 15 时 30 分许，某景区附近发生一起森林火灾，此次扑救行动共出动 600 多人参与扑救，过火面积共 120.91 亩，其中有林范围面积为 98.71 亩。

案例二：

2022年3月4日15时20分左右，某村委会旗岭山发生森林火情，先后组织共126名森林消防队员参与扑救，火灾过火面积368.75亩，森林受害面积131.25亩。

案例三：

2022年3月9日20时许，某村牛栏坪发生森林火灾，调动了阳山县森林消防大队，黎埠、小江、大崀、阳城等镇半专业队伍以及连南、连州、英德专业队伍共180人参与扑救，过火林地面积547.5亩。

二、强化扑火组织、强化安全措施

合理组织，科学施救，确保安全；

一是派有扑火经验的同志担任前线指挥员；

二是临时组织的扑火人员，必须指定区段和小组负责人；

三是明确扑火纪律和安全事项；

四是确保扑火用品符合要求，扑火服要宽松、阻燃；

五是加强火情侦察，组织好火场通信、救护和后勤保障；

六是从火尾入场扑火，沿着火的两翼火线扑打；

七是正确使用扑火机具。

注意：不要直接迎风打火头，不要打上山火头，不要在悬崖、陡坡和破碎地形处打火，不要在大风天气下、烈火条件下直接扑火，不要在可燃物稠密处扑火。

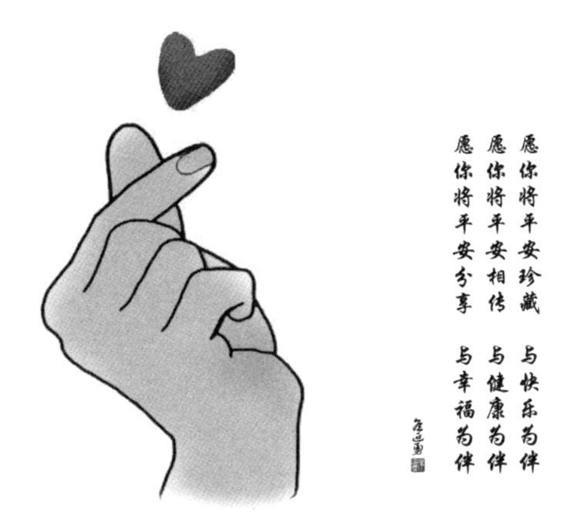

案例：团结协作，成功扑灭特大森林火灾

1987 年 5 月 6 日，某省 4 个林业局所属的几处林场同时起火，火场总面积为 1.7 万平方公里。

人民解放军、森林警察、人民群众共计出动 5.88 万人。数十架直升机、飞机，起飞 1500 多架次参与灭火。特别列车往返灾区 55 小时，为灾区送来大米 50 吨、水 60 吨、食品 6000 公斤。共派出医护人员 177 名、防疫人员 43 名。设立野战医院 9 个，建立后方医院 3 个。同时，省医疗指挥部组织防疫队开进漠河灾区。为防止灾后发生大瘟疫，焚烧死亡牲畜 6300 多只，消毒生活设施 5.3 万平方米，检查封存烧毁变质食品 3600 箱。

自 1987 年 5 月 6 日始，先后历时近一个月才将明火、余火、暗火全部熄灭。